本书由重庆市教育委员会、重庆市财政局 2023 年度市教委科学技术研究计划重大项目"三峡库区重要支流多维协同均衡调控研究"（KJZD-M202300203），重庆市科学技术局 2023 年度技术创新与应用发展专项重点项目"三峡库区典型区域面源污染与水土流失控制关键技术研究"（CSTB2023TIAD-KPX0075），重庆市水利局"重庆市 2017 年水资源总量承载状况及农田灌溉水量折平系数演变规律研究服务项目"（SL-20180006）资助

水资源承载能力
可持续发展理论与实践

叶琰　龙训建　叶勇　李兴林　著

U0241109

西南大学出版社

国家一级出版社　全国百佳图书出版单位

图书在版编目（CIP）数据

水资源承载能力可持续发展理论与实践 / 叶琰等著
. -- 重庆 : 西南大学出版社, 2023.10
ISBN 978-7-5697-1406-7

Ⅰ. ①水… Ⅱ. ①叶… Ⅲ. ①水资源 – 承载力 – 可持
续性发展 – 研究 Ⅳ. ①TV211

中国国家版本馆 CIP 数据核字（2023）第 209285 号

水资源承载能力可持续发展理论与实践
SHUIZIYUAN CHENGZAI NENGLI KECHIXU FAZHAN LILUN YU SHIJIAN

叶 琰 龙训建 叶 勇 李兴林 著

责任编辑：畅 洁
责任校对：陈 欣
装帧设计：殳十堂_未 氓
照 排：王 兴
出版发行：西南大学出版社（原西南师范大学出版社）
网 址：http://www.xdcbs.com
地 址：重庆市北碚区天生路2号
邮 编：400715
电 话：023-68868624
经 销：新华书店
印 刷：重庆华数印务有限公司
幅面尺寸：170 mm × 240 mm
印 张：12.5
字 数：220千字
版 次：2023年10月 第1版
印 次：2023年10月 第1次印刷
书 号：ISBN 978-7-5697-1406-7

定 价：48.00元

前　言

区域安全运行和维护良好的生态环境是区域高质量发展的基础。水资源作为生态环境的关键组成，是支撑社会经济发展的基础性战略资源，其状态对区域发展方向有指示灯作用。重庆市的水资源时空分布与经济发展布局历来不均衡，各行政区水资源状况差异显著。随着区域经济发展与生态环境之间的相互作用与压力凸显，"节水优先、空间均衡、系统治理、两手发力"治水思路逐渐深入，区域有水难用、有水限用和有水不用等用水矛盾得到一定缓解，但这种局面在一定时期内依然会继续存在。

全球足迹网络（Global Footprint Network）通过其生态足迹工具计算表明，2019年7月29日，人类又创造了一项世界纪录，即2019年仅仅7个多月的时间，我们已耗尽全年的自然资源分配量，并进入生态赤字状态。在此背景下，为促进生态文明建设和经济社会高质量发展，应坚持以水而定、量水而行，强化水资源刚性约束，进一步夯实水资源管理基础，推进水资源保护，实现人水和谐、绿色发展。

本书在概述水资源承载能力、水资源脆弱性和水资源可持续发展内涵与研究现状的基础上，以重庆市为研究对象，基于《国务院办公厅关于印发实行最严格水资源管理制度考核办法的通知》和《重庆市人民政府办公厅关于印发重庆市实行最严格水资源管理制度考核办法的通知》相关精神，以水功能区及行政区为计算单元，开展了水资源承载能力和可持续发展的相关研究工作。全书分为8章：第1章介绍水资源承载能力、脆弱性和可持续发展的研究背景与研究进展等；第2章主要介绍水资源及其承载能力的特征与意义等；第3章阐述水资源脆弱性内涵与研究方法等；第4章介绍水资源可持续发展背景与内涵等；第5章简要介绍重庆市自然地理和社会经济概况等；第6章核定现状水平年各行政区的用水总量指标,核算现状用水总量荷载状态,评价各计算单元水资源承载能力;第7章对重庆市水资源脆弱性进行评价;第8章提出重庆市水资源可持续发展策略。

本书是作者长期从事水文水资源规划、评价,水源地保护、水生态修复工作的实践和研究成果。在编写过程中,西南大学叶琰编写第1、第2、第5、第8章,龙训建编写第3、第6、第7章,叶勇编写第1、第4章。最后由叶琰完成统稿,龙训建与叶勇校核;翁薛柔参与了本书第6章的编写,范玲参与了本书第7章的编写;重庆市水利局李兴林参与了本书的修订工作,并提出了宝贵意见。本书参考的文献,作者未在书中全部标注,在此对全部文献作者一并表示感谢。本书研究成果的取得及最终出版得到了重庆市教育委员会、重庆市财政局2023年度市教委科学技术研究计划重大项目"三峡库区重要支流多维协同均衡调控研究"(KJZD-M202300203),重庆市科学技术局2023年度技术创新与应用发展专项重点项目"三峡库区典型区域面源污染与水土流失控制关键技术研究"(CSTB2023TIAD-KPX0075),重庆市水利局"重庆市2017年水资源总量承载状况及农田灌溉水量折平系数演变规律研究服务项目"(SL-20180006)的资助。鉴于作者水平有限,书中难免有疏漏和不妥之处,敬请指正。

作者

2022年4月于重庆

目　录

第1章 | 绪论

〰〰〰〰〰〰〰〰〰〰〰〰〰〰〰〰〰〰〰〰〰〰〰〰〰〰

1.1 研究背景

1.1.1 水资源承载能力

在古代的四大文明古国,华夏文明涉及的黄河流域与长江流域,美索不达米亚文明所在的底格里斯河及幼发拉底河流域,古埃及文明的尼罗河流域和古印度文明的恒河流域,水就扮演着孕育人类生命与文明的重要角色,支撑和保障了城市的形成与发展。而今,全球进入快速城市化与信息边际化,水资源对人类生存及社会经济发展具有极其重要的作用,这一认识早已属于广泛共识,并且水资源还是基础性自然资源、战略性经济资源和公共的社会资源。随着经济的快速发展和人口的不断增长,城市规模不断扩张,城市用水需求显著增加,水资源供给压力越来越大。与此同时,城市用水量急剧增加也使得工业废水与城市生活污水的排放量相应增大。

我国各类型废污水的排放处理在符合《污水综合排放标准》(GB 8978—1996)的前提下,水质仍劣于《地表水环境质量标准》(GB 3838—2002)。在这种情况下,排放的废污水直接参与水循环,污染物总量一旦超过受纳水体的水环境容量,会导致河流、湖泊、水库等城市水体遭受污染,进而使水资源可利用量减少、城市水资源短缺。城市建设规模不断扩大,直接导致城市建筑密度及不透水面积增大,进而转变城市地表和地下径流汇流状况,易造成城市内涝,改变洪水过程,从多个层面制约城市发展。同时,水资源"源-汇"特征的变化,还导致水资源供需矛盾愈发尖锐,制约了社会经济的可持续发展,使水资源、社会、经济和生态环境之间的矛盾日益突出。在此背景下,分析水资源对社会、经济和生态环境的承载能力,研究水资源的可持续利用策略,势在必行。

在水资源合理配置的前提下,水资源承载能力评价研究以水资源开发潜力和利用前景作为研究核心,通过系统分析、动态分析等手段,实现水资源与社会、经济和环境协调发展。水资源承载能力评价研究以区域社会经济发展为前提和基础,度量水资源可持续利用的可能性。同时,水资源承载能力作为资源承载能力的重要组成部分,是谋求人与自然和谐相处的关键因素。已有研究表明,水资源承载能力会随承载主体在不同保证率条件下的水资源可利用量和承载客体的不同,而体现出不同的承载水平。区域可持续发展理论作为水资源承载能力评价研究的指导思想,追求人口、资源、环境与社会的协调发展;而水资源承载能力评价研究,就是以水资源为限制因素,探求水资源对人口、生态环境和经济社会的最大支撑能力。

2014年3月14日,习近平在中央财经领导小组第五次会议上的讲话中指出,要抓紧对全国各县进行资源环境承载能力评价,抓紧建立资源环境承载能力监测预警机制。水资源、水生态、水环境超载区域要实行限制性措施,调整发展规划,控制发展速度和人口规模,调整产业结构,避免犯历史性错误。为深入贯彻落实《中共中央 国务院关于加快推进生态文明建设的意见》《生态文明体制改革总体方案》《水污染防治行动计划》,自2016年起,在全国范围内组织开展水资源承载能力监测预警机制建设工作。自该项工作开展以来,不仅有相关学者开展了大量的理论研究,而且各级水行政主管部门也积极响应,通过组织编制并实施水资源保护规划、开展河湖水生态保护和修护及重要河流湖泊健康评估工作,指导河湖生态流量水量管理、河湖水系连通、饮用水水源地保护,以及地下水开发利用和地下水资源管理保护等方面的水资源保护工作,从理论与实践层面提升水资源承载能力。

1.1.2 水资源脆弱性

水资源承载能力与水资源脆弱性直接相关。水资源是自然资源中非常重要的一种具有一定可恢复性的资源。人类的生产、生活,自然生物的生长发育,都与水息息相关。当前,我国不同地区的水资源都存在着不同程度的脆弱性问题。受水资源研究工作整体启动较晚及经济发展等因素影响,我国对水资源脆弱性的研究起步较晚,且最初的研究主要是地下水开发利用中凸显的水质问题,对水量的关注相对较少,因此与地表水相关的研究工作起步更晚。

从水质角度来讲,水资源脆弱性主要是指由于自然环境和人类活动造成的水资源被污染的难易程度。其中,自然环境作为不可控因素,决定了水资源的自身脆弱性,但是人类活动加剧了水质恶化程度。

从地下水资源的角度来讲,国内对地下水脆弱性的研究始于20世纪90年代中期;国外则较早,始于1968年。地下水脆弱性的定义最初由美国国家科学研究委员会于1993年提出:地下水脆弱性是污染到达最上含水层之上某特定位置的倾向性与可能性。并将地下水脆弱性分为本质脆弱性与特殊脆弱性,这与灾害学界与生态学界将脆弱性划分为自然因素与人为因素是相一致的。1993年,美国国家环境保护局和国际水文地质学家协会给出了地下水脆弱性的概念:地下水系统对人类和(或)自然的有效敏感性。并将地下水脆弱性分为固有(天然)脆弱性和特殊(综合)脆弱性。

2002年,刘绿柳结合对脆弱性及水资源的理解,结合以往研究的经验与不足,重新界定了水资源的研究范围,并提出了水资源脆弱性的概念:水资源系统易于遭受人类活动、自然灾害威胁和损失的性质和状态,受损后难以恢复到原来状态和功能的性质。

2007年,邹君等从地表水的角度提出了地表水脆弱性的概念:特定地域天然或人为的地表水资源系统在服务于生态经济系统的生产、生活、生态功能过程中,或者在抵御污染、自然灾害等不良后果出现过程中所表现出来的适用性或敏感性。

从目前最新的研究来看,水资源脆弱性研究范畴应当包括地表水系统、地下水系统,以及与水资源有关的社会系统。从评价内容看,自然层面的水资源脆弱性评价应当包括水量与水质两个方面。水资源系统易于遭受人类活动、自然灾害威胁和损失的性质和状态,受损后难以恢复到原来状态和功能的性质,主要体现在地表与地下水资源数量与质量、水资源循环更新速率与水资源承载能力等方面。水资源所处的自然背景(如地形、地貌、地质结构、植被状况等)、产业结构、管理机制、经济技术水平、开发利用方式等,均构成水资源系统脆弱性的影响因素。在水资源丰富、水循环更新快、产业结构合理、管理机制完善、经济技术水平高、开发利用方式得当的情况下,水资源系统比较不脆弱,有利于可持续发展;反之,水资源系统比较脆弱,不利于甚至阻碍可持续发展。

水资源脆弱性在一定程度上来说是一个相对且不能进行直接测量的参数，并具有一定的地域性。当前，社会经济不断发展，对水资源的需求量日益增加，加之气候变化对水资源的影响，严重威胁我国水资源安全。作为制约水资源安全的基础性问题，水资源脆弱性研究日益受到国内外学者们的关注。开展水资源脆弱性研究，对预测未来水资源安全变化趋势、探求水资源安全的关键性要素和过程具有非常重要的意义，也可为缓解经济发展与水资源保护之间的矛盾提供有效参考。

1.1.3 水资源可持续发展

水资源可持续利用是指为保证人类社会、经济和生存环境的可持续发展，对水资源实行永续利用。可持续发展的观点是20世纪80年代在寻求解决环境与发展矛盾的出路中提出的，并在可再生的自然资源领域相应提出可持续利用问题。其基本思路是在自然资源的开发中，注意因开发所致的不利于环境的副作用和预期取得的社会效益相平衡。在水资源的开发与利用中，为保持这种平衡就应遵守供使用的水源和土地生产力得到保护的原则，降低人类活动对生物多样性的干扰、保持生态系统平衡发展的原则，对可更新的淡水资源不可过量开发使用和污染的原则。因此，在水资源的开发利用活动中，绝对不能损害地球上的生命支持系统和生态系统，必须保证为社会和经济可持续发展合理供应所需的水资源，满足各行各业用水要求并能长期持续。此外，水在自然界循环过程中会受到人类活动的干扰，应注意研究对策，使这种干扰不至于影响水资源可持续利用。

水资源是关系一个国家环境与发展的战略性自然资源，是综合国力的有力组成部分，是国民经济的基础。就我国水资源的现状来看，形势十分严峻，主要体现在水多(洪涝灾害多)、水少(区域性干旱严重)、水脏(水污染严重、洁净淡水少)、水浑(水土流失、泥沙问题)等方面。为提升我国水资源的可持续利用能力，保证未来的社会、经济可持续发展，中国工程院曾组织了43位院士和近300位专家进行了"中国可持续发展水资源战略研究"，形成了我国水资源开发利用综合报告和9个专题报告。这些成果报告中提出了中国可持续发展水资源的各项战略，以引导中国经济建设和社会发展。

从水质角度看,水资源的质量正日益受到污染的威胁。水是地球的生命之源。良好的水质可以使生态系统保持健康状态,维系人类社会的良性发展。然而,近年的水质监测数据表明,环境和人类福祉已不同程度地受到了不良水质的影响。

过去的50年中,人类活动对水资源的污染是历史上前所未有的。据估计,全球有超过25亿人缺乏基本的卫生设施,每天都会有200万t废污水排入世界各个水域。而发展中国家所面临的水污染问题更加严重,其中90%以上未经处理的生活污水和70%未经处理的工业废物都直接排入了地表水中。事实上,废污水中的许多污染物对区域水质都有长期的负面影响,直接进入自然界会威胁人类的健康,最明显的副作用首先就是导致可利用淡水资源严重减少,其次是水资源提供生态系统服务的能力大大降低,有时还会造成不可逆转的影响。另外,污染物也会导致河流湖泊的生物量及降解能力下降,从而导致生物多样性的减少以及产生其他环境压力,这些变化形成的环境脆弱性酿成了环境退化的恶果。已有的案例和研究表明,保护水资源的成本要远远低于污染后再治理的成本。对各种水生环境进行保护和维护,确保其生态系统的可持续性,有利于水资源的可持续发展。

对我国而言,与城市化进程加快、城市人口增加、生活用水量持续增加对应的是工业蓬勃发展,污水排放量也在逐年增加:2016年,480.30亿 m³;2018年,突破500亿 m³;2019年,554.65亿 m³;2020年,571.36亿 m³;2021年,625.08亿 m³。以2019年为例,22个省区市污水排放量超10亿 m³,10个省区市污水排放量超20亿 m³。广东污水排放量最大,达80.85亿 m³,江苏、山东分别排名第二和第三,污水排放量分别为47.26亿 m³、35.43亿 m³。此外,浙江、辽宁、湖北、四川、湖南、上海、河南的污水排放量都超过了20亿 m³。

根据《2020中国生态环境状况公报》,2020年全国地表水监测的1937个水质断面(点位)中:Ⅰ—Ⅲ类水质断面(点位)占83.4%,比2019年上升8.5个百分点;劣Ⅴ类占0.6%,比2019年下降2.8个百分点。主要污染指标为化学需氧量、总磷和高锰酸盐指数。

根据《2021中国生态环境状况公报》,2021年全国地表水监测的3632个国考水质断面(点位)中:Ⅰ—Ⅲ类水质断面(点位)占84.9%,比2020年上升1.4个百分点；劣Ⅴ类占1.2%，比2020年增加0.6个百分点。主要污染指标为化学需氧量、总磷和高锰酸盐指数。

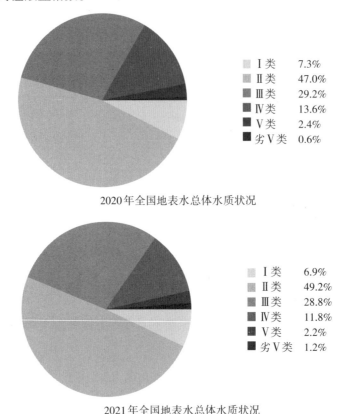

Ⅰ类	7.3%
Ⅱ类	47.0%
Ⅲ类	29.2%
Ⅳ类	13.6%
Ⅴ类	2.4%
劣Ⅴ类	0.6%

2020年全国地表水总体水质状况

Ⅰ类	6.9%
Ⅱ类	49.2%
Ⅲ类	28.8%
Ⅳ类	11.8%
Ⅴ类	2.2%
劣Ⅴ类	1.2%

2021年全国地表水总体水质状况

图1.1-1　2020年、2021年全国地表水总体水质状况

2020年，自然资源部门10171个地下水水质监测点（平原盆地、岩溶山区、丘陵山区基岩地下水监测点分别为7923个、910个、1338个）中，Ⅰ—Ⅲ类水质监测点占13.6%，Ⅳ类占68.8%，Ⅴ类占17.6%。水利部门10242个地下水水质监测点（以浅层地下水为主）中，Ⅰ—Ⅲ类水质监测点占22.7%，Ⅳ类占33.7%，Ⅴ类占43.6%，主要超标指标为锰、总硬度和溶解性总固体。2021年，监测的1900个国家地下水环境质量考核点位中，Ⅰ—Ⅳ类水质点位占79.4%，Ⅴ类占20.6%，主要超标指标为硫酸盐、氯化物和钠。

通过以上数据来分析水质状况，可发现总体污水排放量在逐年增加，但随着污水管网的覆盖面的扩展，以及污水处理设施的增加，污水收集范围显著扩大，水质的处理效果也在逐年增强。此外,河长制施行以来,"一河一策"工作效果逐渐显现,污水直排现象显著减少,达标排放率得到提升。

根据水利部发布的2020年度《中国水资源公报》:

2020年,全国用水总量为5812.9亿 m³。其中,生活用水863.1亿 m³,占用水总量的14.9%;工业用水1030.4亿 m³,占用水总量的17.7%;农业用水3612.4亿 m³,占用水总量的62.1%;人工生态环境补水307.0亿 m³,占用水总量的5.3%。地表水源供水量4792.3亿 m³,占供水总量的82.4%;地下水源供水量892.5亿 m³,占供水总量的15.4%;其他水源供水量128.1亿 m³,占供水总量的2.2%。

2020年,全国人均综合用水量412 m³,万元国内生产总值(当年价)用水量57.2 m³。耕地实际灌溉亩均用水量356 m³(1亩≈666.7 m²),农田灌溉水有效利用系数0.565,万元工业增加值(当年价)用水量32.9 m³,城镇人均生活用水量(含公共用水)207 L/d,农村居民人均生活用水量100 L/d。与2015年相比,万元国内生产总值用水量和万元工业增加值用水量分别下降28.0%和39.6%(按可比价计算)。

据文献统计,我国多年平均水资源总量约为2.8万亿 m³,占全球水资源的6%,仅次于巴西、俄罗斯、加拿大、美国和印度尼西亚,居世界第六位,但人均约2000 m³,仅为世界平均水平的1/4、美国的1/5,在世界上名列121位,是全球13个人均水资源最贫乏的国家之一。全国多年平均水资源可利用量约为8140亿 m³。而2020年全国用水总量5812.9亿 m³,占可利用量的71.4%,未来的利用空间有限。因此,从水量的角度出发,要保障水资源的可持续发展,除了控制新增水量,还应提升水资源重复利用率及推广节水器具等,确保水资源不被过度利用。

1.1.4 研究背景

2016年3月,《水利部办公厅关于做好建立全国水资源承载能力监测预警机制工作的通知》发布。2016年5月,水利部长江水利委员会办公室印发了《长江委办公室关于印发建立长江流域片水资源承载能力监测预警机制工作大纲的通知》,进一步明确和细化了长江流域片水资源承载能力监测预警机制的工作要求。2016年11月,《水利部办公厅关于印发〈全国水资源承载能力监测预警技术大纲(修订稿)〉的通知》出台,细化了水量复核分析评价指标。2017年底,重庆市水利发展研究中心作为技术牵头单位,开启了重庆市水资源承载能力研究的先河,以2015年为水平年,完成了《重庆市水资源承载能力预警评价报告》。

为进一步掌握重庆市水资源承载状况及演变规律,2018年,重庆市水利局提出开展"重庆市2017年水资源总量承载状况及演变规律研究"课题调研工作:基于最严格水资源管理制度,对重庆市水资源总量承载状况演变规律开展研究,结合用水总量承载负荷状态,以用水总量为控制性指标,以区县及流域三级区为评价单元,以区域多年平均水资源量及"三条红线"为评价标准,研究重庆市水资源承载能力。这不仅是指导重庆市水资源可持续利用工作的有益尝试,也可为重庆市水资源可持续发展提出相应的策略。

1.2 研究进展

1.2.1 水资源承载能力及其研究现状

1.2.1.1 基本概念

1. 承载力

承载力是一个起源于古希腊时代的古老概念,具有悠久的历史。但在长期的发展过程中,承载力从来没有摆脱模糊性和不确定性,这使其始终作为一个概念应用而存在,没有发展出自己的理论体系。

从物理学角度对承载力进行定义:物体(承载主体)在不产生明显破坏时所能承受的最大(极限)负荷(承载客体)。承载力表现为承载主体与客体的组合,不同组合会产生不同层面的承载能力问题。承载主体的负荷超过承载限度时就会失去平衡,从而导致承载客体不可持续发展。

事实上,最早将承载力的概念应用于和人类活动相关的事件的是生态学家。1921年,帕克和伯吉斯对承载力的定义是:某一特定环境条件下(主要指生存空间、营养物质、阳光等生态因子的组合),某种生物个体存在数量的最高极限。承载力的实质可表现为用来描述区域系统对于外部环境变化的最大承受能力。比如人口问题的研究,即在某地区特定环境条件下,区域的人口数量存在最高极限,可以通过该地区的食物资源来确定区域内的人口承载力。1922年,Hawden

和 Palmer 在研究驯鹿种群数量时,给予了承载力新的内涵:承载力是草场上可以支持、不会损害草场的牲畜的最大数量。

尽管承载力早期的应用范围只限于生态学领域,但随着土地退化、环境污染和人口膨胀等一系列与生态学相关问题的出现,人类学家和生物学家将承载力的概念进行了扩展,并应用到人类生态学中。因此,承载力也总是与生态破坏、环境退化、资源减少、人口增加及经济发展等联系在一起。承载力的概念也发生了相应的变化,出现了较多的追加前置定语的概念,如土地承载力、资源承载力、环境承载力及生态承载力等。

王书华等根据《中国土地资源生产能力及人口承载量研究》提出了土地承载力的概念:在未来不同的时间尺度上,以可预见的技术、经济和社会发展水平及与此相适应的物质生活水准为依据,一个国家或地区利用其自身的土地资源所能持续稳定供养的人口数量。

20世纪80年代初,联合国教科文组织提出了资源承载力的概念:在可预见的时期内,利用本地资源及其他自然资源和智力与技术等条件,在保证符合其社会文化准则的物质生活水平下持续供养的人口数量。此定义主要将资源承载力用于对人口与资源关系的研究。

黄青等认为,生态承载力即生态环境的承载能力,是自然体系调节能力的客观反映。人类的一切生产活动都必须依赖于由水、土、大气、森林、草地、海洋及生物等组成的自然生态系统。自然生态系统为人类提供了必不可少的生命维护系统和从事各种活动所必需的最基本的物质资源,是人类赖以生存与发展的物质基础。人类与其所处的自然生态环境是互动的。当人类生存和发展所需的生态环境处于不受或少受破坏与威胁的状态,即人类的各种生产和生活活动对周围生态环境造成的影响未超出生态系统本身的调节能力,自然生态环境能够满足社会经济与可持续发展的需求,这种状态就处于生态承载力的范围之内。反之,则超过了生态承载力的范围。王中根、夏军认为,生态承载力是在某一时期内,某种生态环境状态下,某地区生态系统对地区内人口经济社会的支持能力。徐琳瑜将城市生态承载力定义为:正常情况下,城市生态系统有维系自身健康和发展的能力,表现为对外在压力的防御能力和恢复能力,以及为达到某一目标的发展能力。

除此之外,随着人们对资源、环境及其相互关系的认识逐渐深入,含有前置定语的承载(能)力的相关概念遍地开花,包括但不限于综合承载力,生态—生产—生活承载力,甚至进一步拓展到生物物理方面,如经济承载力、耕地承载力、资源环境承载力、旅游承载力、城市承载力、生物物理承载力等。在资源环境层面,又有水环境承载能力、地下水环境承载能力、区域水资源承载力、流域水资源承载力等。各概念简要的相互关系见图1.2-1。

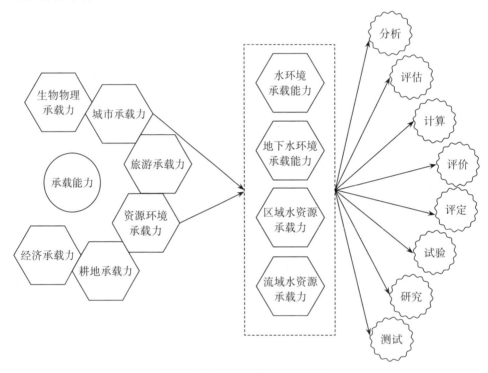

图1.2-1 承载(能)力关系结构图

2.水资源承载力

我国对水资源承载力的定义,因研究范围的不同而有多种。梳理相关文献对水资源承载力的定义,比较具有代表性的主要有以下几种:

1992年,施雅风等提出,水资源承载力是指某一地区的水资源,在一定社会和科学技术发展阶段,在不破坏社会和生态系统时,最大可承载的农业、工业、城市规模和人口水平,是一个随社会经济和科学技术水平发展变化的综合指标。

1997年,冯尚友等认为,水资源承载力是在一定区域内、一定物质生活水平下,水资源能够持续供给当代人和后代人需要的规模和能力。同年,许新宜等提出,水资源承载力是指在某一具体的历史发展阶段下,以可预见的技术、经济和社会发展水平为依据,以可持续发展为原则,以维护生态环境良性发展为前提,在水资源合理配置和高效利用的条件下,区域社会经济发展的最大人口容量。

2002年,夏军等认为,水资源承载力是在一定的水资源开发利用阶段,满足生态需水的可利用水量能够维系该地区人口、资源与环境有限发展目标的最大的社会—经济规模。

2004年,龙腾锐等详细地讨论了水资源承载力概念的起源与发展,指出水资源承载力的概念主要有四种类型的定义方式,即抽象的"能力",用水能力(容量),人口和(或)社会经济发展规模,外部作用。并将水资源承载力定义为:在一定的时期和技术水平下,当水管理和社会经济达到优化时,区域水生态系统自身所能承载的最大可持续人均综合效用水平或最大可持续发展水平。

2005年,左其亭将水资源承载力概括为:一定区域、一定时段,维系生态系统良性循环,水资源系统支撑社会经济发展的最大规模。

2010年,段春青等将水资源承载力定义为:区域在一定经济社会和科学技术发展水平条件下,以生态、环境健康发展和社会经济可持续发展协调为前提的区域水资源系统能够支撑社会经济可持续发展的合理规模。

2014年,刘晓等在总结前人研究成果的基础上,重点分析了传统水资源承载力的概念与特征,并将其划分为四种类型,认为水资源承载力是水资源承载水平的稳定最大值,即在一定的技术和管理水平下,区域水资源系统能稳定承载的人类最大发展水平。

2018年,金菊良等认为,水资源承载力可指区域水资源在临近破坏水资源可持续利用状态时,所能持续支撑区域的最大经济社会发展规模。它与水资源—生态环境—经济社会复合系统密切关联,是衡量水资源可持续利用的重要指标,对于深入落实最严格水资源管理制度、严格坚守"三条红线"具有重要意义。

3. 水资源承载能力

在土地资源承载力这一概念被提出后,水资源承载能力迅速成为资源环境领域研究的热点。这主要是因为人类经济社会快速发展,水资源开发利用强度及需求量持续加大,具有明显的时代特征。过去人类在开采和利用各种淡水资源时缺乏保护意识,相关保护措施的制定和实施不及时,从而污染和破坏了许多江河湖泊和地下水源的水质,大大减少了淡水资源的有效供应。尤其是在水资源贫乏的地区,水资源成为生态环境和社会经济协调发展的主要限制因子,产生了显著的制约效应。

水资源承载能力的概念始见于20世纪80年代,源于当时对自然资源可持续利用的研究,联合国教科文组织提出了"资源承载力"的概念。

20世纪80年代,我国开展了"中国土地资源生产能力及人口承载量研究"项目。80年代后期,考虑到土地承载力研究的局限性和片面性,在联合国教科文组织的资助下,我国学者开始了对包括自然资源、能源、智力及技术等在内的资源承载力的研究。许新宜等从华北地区宏观经济角度出发,首先提出了水资源承载能力的理论基础、生态临界阈值与调控措施等关键性成果。基于这些成果,全国各地开展了较多的水资源承载能力评价工作。

目前,对水资源承载能力的定义尚未统一,这给相关研究工作造成了一定的困难。但在这些定义中,一些具有代表性的定义可呈现对应时期的研究状况,例如:

20世纪90年代末,王浩等在国家"九五"科技攻关"西北地区水资源合理配置与承载能力研究"项目大纲中将水资源承载能力定义为:在某一具体的历史发展阶段下,以可以预见的技术、经济和社会发展水平为依据,以可持续发展为原则,以维护生态环境良性发展为条件,经过合理的优化配置,水资源对该地区社会经济发展的最大支撑能力。同年,李令跃提出,水资源承载能力是指在某一历史发展阶段,以可预见的技术、经济和社会发展水平为依据,以可持续发展为原则,以维护生态环境良性发展为条件,在水资源得到合理的开发利用前提下,某一区域人口增长与经济发展的最大容量。

2001年,惠泱河等提出,水资源承载能力是指某一地区的水资源,在一定社会历史和科学技术发展阶段,在不破坏社会和生态系统的前提下,最大可承载的农业、工业、城市规模和人口水平,是一个随着社会、经济、科学技术发展而变化的综合指标。

2002年,程国栋则将水资源承载能力归纳为:某一区域在具体的历史发展阶段下,考虑可预见的技术、文化、体制和个人价值选择的影响,在采用合适的管理技术条件下,水资源对生态经济系统良性发展的支持能力。

2004年,陈洋波等借鉴薛小杰在2000年提出的城市水资源承载力的概念,将城市水资源承载能力定义为:某一城市(含郊区)的水资源在某一具体历史发展阶段下,以可预见的技术、经济和社会发展水平为依据,以可持续发展为原则,以维护生态环境良性循环发展为条件,经过合理优化配置,对该城市社会经济发展的最大支撑能力。同年,郦建强等提出,水资源承载能力是指在可预见的时期内,在满足合理的水域生态环境保护和河流生态环境用水前提下,在特定的经济条件与技术水平下,区域水资源的最大可开发利用规模或对经济社会发展的最大支撑能力。

2006年,谢新民等基于水资源配置需求,将水资源承载能力定义为:在具体历史发展阶段下,以可预见的技术、经济和社会发展水平为依据,以水资源可持续利用为原则,以维护生态环境良性发展为条件,通过各种资源的优化配置,水资源能够持续支撑经济社会发展的最大规模。

以上对水资源承载力研究历程的梳理表明,21世纪以来,国内学者对此问题的讨论与研究层出不穷,并且随着研究与应用的深入,越来越细化和实用化。因国情和自身水资源特征的不同,相比而言,国外往往使用可持续利用水量、水资源的生态限度或水资源自然系统的极限、水资源紧缺程度指标等来表述类似的含义,且一般直接指天然水资源数量的开发利用极限。

我国的水资源承载力及水资源承载能力研究在一定程度上吸收了国外的研究成果。其中,在概念上主要借鉴了联合国粮农组织和联合国教科文组织的定义;在量化方法上则主要吸收了系统动力学法。结合水资源的特殊性、我国国情、水资源学科的发展和研究人员特定的学科背景,水资源承载力及水资源承载能力研究在我国也得到了独立的发展。

"国家水资源承载力评价与战略配置"项目组内部的一个报告中将水资源承载能力的概念界定如下:是以维系良好的水生态环境系统为前提,在特定的经济条件与技术水平下,区域水资源的最大可开发利用规模或对经济社会发展的最大支撑能力。

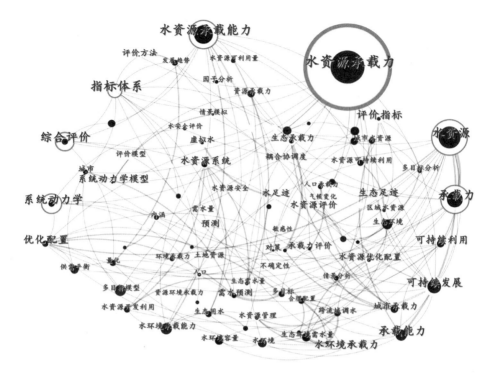

图1.2-2　水资源承载(能)力相关文献关键词共现图

1.2.1.2 水资源承载能力的内涵

1.通用内涵

关于水资源承载能力的内涵有很多学者进行过讨论,如高志娟等提出水资源承载能力应具有时空内涵、社会经济内涵及持续内涵,并且与何小赛等提出的内涵基本一致。综合多位学者的研究,借鉴龙腾锐等对水资源承载力内涵的探讨,归纳出通常情况下水资源承载能力的内涵应包括以下四个方面:

1)生态内涵

水资源承载能力的生态内涵具有两层含义:第一,水资源所承载的综合效用具有生态上的极限,水资源的开发利用应以不超过这种极限为前提;第二,由于水资源承载能力具有极限含义,所以当达到水资源承载能力时,也必然意味着这一生态极限得到了充分利用。水资源承载能力的生态极限应当建立在水生态系统的整体性上,它至少包括三个方面的条件:①水资源的开发利用量达到可更新的水资源量;②水环境质量符合设定的使用功能要求,污染物的浓度值和累积值都应处于极限值以下;③满足水生态系统的安全性和生物多样性的需求,以及区域宏观生态环境的用水需求。

上述三个方面基本上构成了当前生态环境需(用)水量的研究内容。水资源承载能力的生态极限是水资源存在承载极限的根本原因,也是水资源承载能力的一个基本构成部分,对水资源承载能力的认识与分析都应以此为起点。

由于水生态系统具有一定的弹性,所以水资源承载能力的生态极限也具有一定的动态性。同时,水资源承载能力的生态极限还与特定的生态建设和环境保护目标有关。因此,水资源承载能力不是一个固定的容量,而是会随着生态环境、社会经济发展对环境的需求、人们对生态环境的保护要求与治理程度等的变化而变化。

2)技术内涵

水资源承载能力并非一个纯粹客观的概念,而是与人类作用相关,具有主观性。对水资源承载能力的研究离不开特定的科学技术背景,这不仅在于水资源承载能力的生态极限与特定的技术水平有关,而且在于通过优化水管理或者提高科学技术水平,可以提高水资源对社会经济的承载能力。因此,在前文中,多数学者在水资源承载(能)力的概念里加入了"在特定的经济条件与技术水平下"这一限定前提。

不过,应当注意到,一般的水资源承载能力定义中"在一定的技术水平下"的前提都包含了水管理这一方面,而由于水管理事实上也是社会经济的一部分(譬如它会涉及社会经济结构),所以一般定义中的"……最大的人口或经济规模"也隐含了水管理这一方面。很显然,它既可作为前提,又可作为承载对象,还会导致水资源承载能力的概念具有模糊性。

因此,水资源承载能力的内涵应当包括一般的技术水平和水管理两个方面。前者在特定的阶段对于社会经济而言,具有一定的独立性和稳定性。后者则是水资源承载能力的内在部分。当达到某一时期理想的水资源承载能力时,就意味着达到了一种最优的水管理状态。换言之,一个具有极限含义的水资源承载能力概念,内在地包括了水管理得到了最大程度的优化这一内涵。将水管理作为水资源承载能力的内在部分,意味着对应的社会经济也是水资源承载能力的内在部分。

在一定时期内,通过对社会总体技术或生产力水平进行预测,可以得到大致确定和唯一的水资源承载能力。这解释了水资源承载能力的极限唯一性。通过提高不同时期的总体技术或生产力水平,可以提高水资源的承载能力,这又使水资源承载能力在不同时期上具有跳跃性,而水资源承载能力在时间上具有技术动态性。澄清这点非常重要。一方面,它决定了水资源承载能力本身是否是一个内在一致的概念,而这对于建立水资源承载能力的理论体系是具有基础性意义的。另一方面,它也决定了水资源承载能力是否可测和可用。如果不能规定这种唯一性,水资源承载能力就具有多种状态,这样就不大可能给出含义明确、大小稳定的承载能力。这可能导致量化上的逻辑不一致,也可能导致不能给城市规划和发展决策提供相对固定和可行的参考依据。

总之,水资源承载能力具有特定的技术内涵。一方面,通过提高技术水平可以提高水资源的承载能力;另一方面,具有极限含义的水资源承载能力概念对应着最佳的水管理状态。当然,这通常只有在理想状态下才能发生。

3)社会经济内涵

承载力概念最吸引人之处在于,它似乎可以给出一个不依赖于社会经济而存在的客观极限。水资源承载能力同样如此。如果水生态系统的生态极限可以确定,并在此基础上实施水资源的开发利用和管理,将能够保证水生态系统的开发利用是可持续的。因此,从这个意义上讲,水资源承载能力并不具有社会经济方面的特征,它只关心特定的社会经济系统是否超过了水资源和人类社会经济系统界面上的水资源最大利用通量及废物最大排放通量,并不关心社会经济系统内部的资源配置,以及人口规模和经济规模。

不过,应当注意到,与水资源承载能力的技术内涵类似,水生态系统的生态极限往往并不能脱离特定区域人口的价值观和具体的效用需求而确定。而且在相同的水资源利用和污水排放水平下,社会经济系统经过优化(如产业结构调整),社会经济容量或规模会有所不同,这就使得水资源承载能力不可避免地又具有社会经济方面的内涵。

因此,水资源承载能力不仅有一个自然生态方面的客观极限,而且有一个社会经济方面的最大规模。而这又进一步依赖于对"规模"的构成内容以及"最大"的判断准则的把握。

当前,主流的水资源承载能力认识所指的规模通常包括人口规模和经济规模。后者一般就是各用水部门的产值总和。在大多数情况下,它是通过给定特定的生活水平并在水资源使用涉及的各个部门中优化配置基础上加以确定的。一般而言,这种产值总和并没有包括生态经济服务的效用价值,因而在一定程度上是经济增长思维和方法的继续。

可持续发展理论则认为,发展不是简单的经济增长,而是多维度的共同进步,是"人类在生存条件满足之后为其进一步的需求和愿望而付出的行为总和"。具体到水资源领域,发展的内容应当包括所有效用或价值。因此,社会经济规模应是由各种效用构成的总效用的规模,而不仅仅是生产性的产值总和。

"最大"规模的确定依赖于对"生存"和"发展"这一对概念及"可持续性"内涵的认识。人类社会在水资源支撑条件下的活动可以分为生存和发展两种:前者意味着最低限度的饮用水供给、粮食供给和最小限度的生态环境价值享受等;后者则意味着除基本需求之外的,由各种直接或间接效用构成的物质和文化福利。根据可持续发展原则,可持续发展的最终落脚点是人类社会,即改善人类的生活质量。因此,确定"最大"规模应当以发展为基本出发点。也就是说,水资源承载能力不应对应着"最坏"的发展状态,而应对应着"最好"的发展状态。

可持续性是可持续发展的一个核心概念。前人总结出了多种可持续性定义,其中一个与经济有关的可持续性指"(人均的)效用或消费不随时间而下降"。有文献则认为,可持续发展指不削弱无限期地提供且不下降的人均效用的能力的发展。这里的能力既包括自然资本方面的能力,也包括人造资本和人工资本方面的能力。因而实际上涉及这几类资本之间的可替代性及可替代程度。不过,尽管这两种认识存在一定的分歧,但都基本上承认效用不下降是可持续发展的一个必要条件。可见,可持续性既不要求,也不必然意味着人口规模和经济规模的增长。它只要求二者组合的人均效用水平是否在一定时间(甚至是无限期)上是持续的。它甚至也不要求和意味着效用水平必定是最大的或最优的。但后者却是水资源承载能力的极限性所要求的。

综上所述,笔者认为:①水资源承载能力具有社会经济方面的内涵,具有主观性的一面,社会经济系统的优化可以提高水资源的承载能力。②社会经济的内容包括所有生态经济服务方面,而不局限于生产性经济收益。换言之,综合效用应当作为承载的对象或客体。③概念上的水资源承载力对应着最大的可持续人均效用水平,即对应着最大可能的可持续发展水平。当然,由于人类认知水平等因素的限制,这种最优发展水平一般是无法达到的,通常只能是相对最优的水平。

4)时空内涵

水资源承载能力具有时空内涵,主要是指:①水资源承载能力是一定区域尺度上的水生态系统自身的承载能力。可持续发展地域公平性的原则要求,满足本地区的发展需求应以不损害、不掠夺其他地区的发展需求为前提,可持续性应以一定的地域尺度为基础。②不同的时空尺度,相同的水资源量的承载力是不同的。③水资源承载的综合效用及其他约束因素,如自然资源、劳动力资源和技术资源等,都具有区域性。④水资源承载能力在时间上是一个将来的概念。⑤水资源承载能力是一个长期性的概念,即它是自然水生态系统同人类长期相互作用关系的反映,具有一定的时间尺度,在量化计算时,某些变量应当取特定时段上的平均值。

一个理想的水资源承载力概念应当同时具备上述内涵。如最优的发展水平就以最优的水管理为前提,从而表现出一定的整体性。用一个简单的公式表示就是:

$$CC = \max f\left(EE,\ T,\ SE,\ P^{(-1)}\right)\big|_{t,\ R}$$

其中:CC 为区域水资源承载能力;

EE 为生态环境因子;

T 为技术因子;

SE 为社会经济因子;

t 为时间因子;

R 为区域范围;

P 为人口。

该公式表明水资源承载能力是生态环境、技术、社会经济和人口等因素的函数。

2.本研究的水资源承载能力内涵

相关研究发展至今,水资源承载能力通常有两种表征方式,一是水资源的最大可开发规模,二是水资源可以支撑的经济社会最大发展规模。前者是从承载力主体——水资源系统的角度出发,后者是从承载力客体——经济社会系统的角度出发。二者相互关联,互为因果。结合重庆市的水安全保障要求,本研究提出的水资源承载能力内涵,侧重于基于水资源系统本身的承载能力计算,将研究重点放在"水资源的最大可开发规模"上。需要注意的是,最大可开发规模不仅指水资源数量,还应该包括量、质、域、流四个维度的规模。

水是生命之源、生产之要、生态之基。随着经济社会的发展,水资源利用的范畴不断拓展,水的资源要素随之不断增加,其资源内涵也不断丰富。发展至今,人类社会对水资源开发利用的方式主要包括取用和消耗水资源、用于污染物排放和受纳、占用水域空间、开发利用水能资源。开发利用的资源属性分别是水资源量、水环境容量、水域空间、水流动力,简称为量、质、域、流。由此引发的水资源超载问题也主要涉及四个方面:一是过量取耗水问题,即河道外或地下水取耗水量超过了水资源可利用量的上限,导致河湖生态用水不足、地下水超采等问题;二是超量排污问题,即入河污染物超过了水体自净能力或是环境容量,导致水体质量下降、水环境污染问题;三是对水域空间的过度开发占用,造成自然水生态空间不足,导致河流湖泊生态系统退化问题;四是水能资源过度开发,造成自然水文过程被过度扰动或自然流态被过度阻隔,引发水生态系统退化问题。

基于上述当前水资源开发利用主要方式及由此引发的主要生态环境问题类型,本研究对水资源承载能力内涵的界定主要从量、质、域、流四个维度展开。

1)水资源数量维度

一个流域/区域允许取用和消耗的水资源数量上限,包括地表水可利用量和地下水可开采量两方面。具体受两方面因素限制:一是区域水资源循环再生能力,对于地表水主要是指年径流量,而对于地下水则是指其补给更新量;二是与取耗水相关联的生态环境系统用水需求量,主要涉及河流生态需水量以及维护湖泊生态水位、地下水生态水位的补给水量。

2)水资源质量维度

一个区域或水体允许开发利用的水环境容量的上限,即允许排入污染的数量阈值,取决于该区域或水体特定水循环状态和水质保护目标下的水体自净能力大小。水质保护目标应从两方面考虑:一是经济社会系统设定的水功能区划水质目标的要求;二是维护水生态系统安全性和生物多样性的水质目标要求。

3)水域空间维度

一个区域的水体水面、滩涂、滨岸等空间允许开发利用的上限构成了水域空间。水域空间是水生态系统健康维护的基本要素,也是水资源的重要因子。随着经济社会发展,人类社会对各类水域空间利用程度不断提高,并成为水生态系统退化的主要驱动因素之一。水资源承载能力在水域空间维度的内涵则体现在河湖湿地保留适当的空间,将对水域空间的侵占和不利影响限制在合理范围内。这样一方面可为各类水生生物保留水下森林场所,给候鸟等水边动物提供必要的生境和栖息空间;另一方面可为区域水循环系统维护和河湖水质净化提供必要的物理基础。

4)水流状态维度

水流状态维度指一个区域河湖水体水流过程被扰动的上限,具体表征为水流阻隔程度、流速与流态允许变化的阈值。这通常与水力(水能)资源的开发程度和开发方式关系密切。具体包括两方面的内涵,一是水系纵向、横向和垂向连通性的阈值,二是水体流速与流态指标的阈值。

1.2.1.3 水资源承载能力基本特征

总体来讲,水资源承载能力具有客观性、动态性、有限性、多维性、有限可控性和复杂性等基本特征。

1.客观性

水资源系统是一个开放系统,它通过与外界交换物质保持其结构和功能的相对稳定性,即在一定时期内,水资源系统在结构、功能方面不会发生质的变化。水资源承载能力是水资源系统结构特征的反映,在水资源系统不发生本质变化的前提下,其在质和量这两种规定性方面上是可以把握的。

2.动态性

动态性是指无论基于水资源系统的不确定性,还是开发利用方式的可选择性,一定时期内的水资源承载能力是在一定范围内动态变化的。水资源承载能力的动态性主要是由于系统结构发生变化而引起的。水资源系统结构变化,一方面与系统自身的运动有关,另一方面与人类所施加的作用有关。水资源系统在结构上的变化,反映到承载能力上,就是水资源承载能力在质和量这两种规定性上的变动。水资源承载能力在质的规定性上的变动表现为承载能力指标体系的改变,在量的规定性上的变动表现为水资源承载能力指标值大小上的改变。如水资源承载能力与具体的历史发展阶段有直接的关系,不同的发展阶段有不同的承载能力。这体现在两个方面:一是在不同的发展阶段,人类开发水资源的技术手段不同,使得承载能力有所差别。例如,20世纪五六十年代的技术条件使得人们只能开采地表以下几十米位置的浅层地下水,而到90年代,可开采几千米甚至上万米深的地下水。现在普遍认为,海水淡化成本过高,无法大规模开展海水资源化,但随着技术的进步,海水淡化成本也会随之降低,大规模海水资源化必将成为趋势。二是在不同的发展阶段,人类利用水资源的技术手段不同,承载能力的空间阈值也会呈现出不同的极限水平。在水资源供需矛盾出现之前,几乎不存在水资源的重复利用;但在供需矛盾出现之后,各种节水技术被逐渐开发,且随着节水技术的不断进步,水的重复利用率不断提高,人们利用单位量的水所生产的产品的数量也逐渐增加。

3.有限性

有限性是指在特定的条件下,水资源无论是量、质、域、流的允许开发规模,还是所支撑的经济社会发展规模,都是有相应阈值的。水资源承载能力具有变动性,这种变动性在一定程度上是可以由人类活动加以控制的。人类在掌握水资源系统运动变化规律和系统社会经济发展与可持续发展的辩证关系的基础上,根据生产和生活的实际需要,对水资源系统进行有目的的改造,从而使水资源承载能力在质和量两方面朝着人类预定的目标发展。但是,人类对水资源系统所施加的作用必须有一定的限度,不能无限制地奢求。因此,水资源系统的可控性是有限度的。

当发展到某一阶段,由于自身自然条件缺失或科技水平限制,水资源系统会达到饱和承载状态。例如,当地可利用水资源量已经达到了利用极限,此时水资源量的有限性将制约水资源承载能力的进一步提高;发展中的生态环境系统也存在纳污、自净、需水等极限,当达到极限时,水资源承载能力就无法进一步从生态环境中获得提高的空间;水资源开发技术以及节水用水效率等也存在底线,当达到底线时,水资源承载能力的提高又将被迫转嫁到增加水源供给上。所以,水资源承载能力的提高是一个相对的过程,具有相对有限性。

4.多维性

多维性是指水的资源属性包括量、质、域、流等多个维度,因此其承载力也具有多个维度,任何一个维度的超载都可能带来水生态环境系统的退化。

为了便于理解和研究水资源承载能力和承载状态,可以从支撑能力、压力、状态、响应四个层次来认识及分析。当然,其中的每一个层次都包括了量、质、域、流四个维度。

支撑能力是指承载能力本身的大小,是以维系良好生态系统为前提,水资源在一定开发利用条件下,对区域经济社会发展的最大支撑能力,即可提供的产品或服务的数量。衡量的指标包括可提供的水资源数量、纳污容量、水域空间及水能等等,涉及多维指标。

压力是指经济社会及生态系统发展向水资源系统所传导过来的需求。衡量的指标包括用水量、排污量、占用水域空间体积及水坝建设数量等等。这里是将经济社会及生态系统作为一个整体,关注其整体对水资源系统所形成的压力。在水资源承载状态的调控中,要考虑经济社会及生态系统的内部运行机制和细节。

状态是指某一区域是处于超载、不超载或是临界超载的情况。例如,用水量大于可提供的水资源数量,就是超载状态;排污总量大于纳污容量,也是超载状态。

响应是指某一区域水资源承载状态长期维持所带来的影响。例如,一个地区地下水长期超采所带来的地面沉降、植被退化问题,水流系统长期处于过度阻隔状态所带来的鱼类特有种群退化问题,等等。需要注意的是,这些影响可能是短期暴露性的,也可能是长期隐蔽性的,如沙漠地区过度人工绿化带来的天然绿洲萎缩问题就存在较大隐蔽性。

因此,现阶段的水资源承载能力研究应当从多个维度进行,而不是简单地仅从量与质两个层面进行。

5.有限可控性

有限可控性是指水资源承载能力可人为调控,如建设调水工程或实施海水淡化提升水资源承载能力。随着城市规模的扩大、社会经济的发展以及居民生活水平的提高,城市水资源需求量逐渐增大,这迫使城市必须提升区域水资源承载能力。通过拓展水源、提高水资源重复利用率、优化产业用水结构以及改善不良用水方式等途径,能间接提升城市水资源承载能力。但这种提升不是无限制的,是受水资源系统的天然特征及其客观性的影响的。因此,水资源承载能力的可调控性是有限的。

6.复杂性

人工与自然二元结构下各子系统之间的协调发展,是水资源承载能力研究必须要考虑的问题。无论是自然系统,还是人工系统,其自身的复杂性以及内部要素之间的耦合关联,使得研究具有更多的不确定性,以及目标具有多样性。同时,社会发展模式的多样性又使得研究具有可变性。总之,复杂性是水资源承载能力研究的天然特征。

1.2.1.4 水资源承载能力指标体系

水资源承载能力作为资源环境承载力的重要组成部分,对其进行核算与评价具有重要的意义。摸清区域水资源承载能力,核算现状经济社会对水资源施加的承载负荷,对水资源承载状况进行动态评价,建立水资源承载能力监测预警机制,对水资源超载区实行有针对性的管控措施,构建政策引导机制和空间开发风险防控机制,可促进人口、经济与资源、环境协调发展。

由于水资源承载能力具有客观性、动态性、有限性、多维性、有限可控性和复杂性等基本特征,对其进行核算及评价时均需要采用一定的具体指标。相应地,对任何地区的水资源承载能力进行分析都需要建立一套可行的指标体系。不同学者根据不同的研究背景、目标、数据的量化情况以及资料的获取难易程度等,建立了不同偏好的指标体系,在一定时期内能够从一定角度或程度上反映评估对象的水资源承载状况。但总体来讲,目前尚没有形成一个相对通用、完整的水资源承载能力指标体系。

1.2.1.5 水资源承载能力计算模型与方法

经过多年研究,区域水资源承载力的研究方法已经由单一指标的静态分析发展到系统多目标的动态分析。常见的量化研究方法主要有常规趋势法、模糊综合评价法、主成分分析法、系统动力学法及多目标决策分析法等。

常规趋势法是一种常见的统计分析方法,主要通过选择单项或多项指标反映区域水资源的现状和阈值,以此反映区域水资源承载能力状况。例如,施雅风等用该方法分析了乌鲁木齐河流域水资源的承载能力；曲耀光等用该方法分析了黑河流域中游地区人口、环境和工业等部门发展所需水量阈值，并提出节水措施。常规趋势法虽然比较直观与简便，但忽略了各指标之间的相互关系，难以处理各系统之间的耦合关系，因此不能全面反映一个区域的水资源承载能力，在实际应用中具有较大的局限性。

模糊综合评价法基于模糊数学理论，通过选取多个影响因子，建立综合评判矩阵，对水资源承载能力进行评价。例如，许有鹏于1993年首次将该方法运用于新疆和田河流域的水资源承载能力综合评价；闵庆文等用模糊综合评价法分别研究了山西省河津市和湖北省及其16个市（州）的水资源承载能力状态。从他们的应用情况看，模糊综合评价法克服了单因子评价的局限性，但其运算过程中由主观产生的"离散"过程，会导致大量有用信息的遗失，使模型的信息利用率偏低，评价结果存在一定的片面性。

主成分分析法是将反映区域水资源承载能力的众多影响因子进行线性变换，使高维变量简化为易于量化的低维指标，然后进行水资源承载能力的综合评价。例如，傅湘等首次将此方法应用于陕西汉中平坝地区的水资源承载能力研究；袁伟、肖迎迎利用主成分分析法分别研究了浙江富阳和陕西榆林的水资源承载能力状况。该方法虽然克服了模糊综合评价法在信息利用率方面的缺陷，也可以相对客观地确定各指标的权重，但只能进行不同区域的横向比较研究，不能进行时间上的动态比较研究，只适用于对时间纵向尺度要求不高的情况。

系统动力学法以反馈控制理论为基础，通过微分方程组来模拟预测复杂系统的非线性、多变量、多反馈等发展过程。系统动力学法运用于水资源承载能力研究时，一般先对区域内不同发展方案的水资源系统进行模拟，并对决策变量进行预测，然后将这些决策变量视为水资源承载能力的指标体系，综合评价不同发展方案对应的水资源承载能力。陈冰、冯海燕等利用系统动力学法分别对柴达木盆地地区和北京市的水资源承载能力进行了研究。他们的研究结果表明，系统动力学分析速度较快，但是参变量和数学方程很多，结构复杂，对数据的需求量很大，且用于长期发展模拟时，误差相对较大，其应用也有一定局限性。

多目标决策分析法选取能够反映区域水资源承载能力的经济、社会、人口及生态环境系统的诸多影响因子，依据可持续发展原则，通过系统分析和动态分析得出整体最优化的水资源承载能力。例如,翁文斌等于1995年首次将这一方法应用到了我国华北地区的水资源规划中;方国华、徐咏飞等运用该方法分别研究了江苏省张家港市和曹妃甸工业区的水资源承载能力状况。从他们的研究结果看,该方法将水资源系统与经济社会系统、生态环境系统作为一个整体来考虑,但是在量化计算过程中,多目标非线性规划问题在求解技术上存在一定的困难,而且各目标决策中影响因子权重多是通过主观判断确定的,客观性相对较差。

此外,近年来随着研究的深入,不断有新技术、新方法应用于区域水资源承载能力研究,比如地理信息系统技术、神经网络模型、虚拟水理论、投入产出模型等。例如,潘兴瑶等基于GIS和模糊综合评价模型,建立了北京市通州区水资源承载能力评价数据库,并研究了该区域内水资源承载能力的空间差异性。王丽霞等基于GIS技术,比较分析了陕西省98个县级行政区域的水资源承载力状况。刘树锋等通过基于神经网络的水资源承载力耦合模型,定量研究了水资源对经济、社会和生态环境协调发展的影响。钟一丹基于虚拟水理论研究了北京市水资源承载力状况。朱一中等通过建立动态整合的水资源承载力投入产出多目标情景决策分析与评价模型,动态研究了甘肃省张掖地区的水资源承载力状况。这些新技术、新方法的应用,不仅拓展了水资源承载能力研究的方法体系,也从新的角度验证了常规模拟方法结果的可靠性。

1.2.2 水资源脆弱性及其研究现状

随着全球变化、人口激增和社会经济的发展,全球用水量在20世纪增加了6倍,其速度是人口增长速度的2倍。在许多水资源匮乏地区,水资源开发利用强度已经远远超过了当地的水资源承载能力。截至笔者完稿时,全球有超过8亿人口缺乏安全的饮用水,20亿人口缺乏基本的用水设施,有约占世界人口总数40%的40个国家和地区严重缺水,到2030年,全球可能有近一半的人口面临水资源短缺问题。随着全球气候变化和世界经济重心向发展中国家转移,水风险也越来越受到社会关注。

2015年1月,世界经济论坛发布的《2015年全球风险报告》中,将水风险定义为一种社会风险,并认为水风险是影响全球经济的最关键因子,在所有31项可能的风险因子中居于首位,而这一因子在2014年仅居于第3位。水风险对全球经济影响的排位变化,意味着水资源问题不仅仅是资源问题,更关系到人类及其生存环境对水资源的基本需要、生态环境需水要求、国家粮食安全等问题,对全球经济发展影响深远。另外,由于对水资源管理不当及世界各国各行业经济竞争压力激增,人们越来越意识到水资源危机造成的不良后果,并开始采取各种应对措施。

事实表明,人类在水问题方面做的应对措施和研究还远远不够。例如,人类在20年前就可准确地预测水危机、水旱灾害的发展趋势,但是采取的措施却非常有限。因此,在强人类活动干扰的区域,进行水资源脆弱性评价,分析水资源对经济发展的响应特点,提出水资源短缺应对策略,具有重要的理论价值与现实意义。

1.2.2.1 基本概念

"脆弱"和"脆弱性"的概念包含两方面的含义,一是系统及其组成要素易于受到影响和破坏的程度;二是受到影响或破坏后,缺乏抗拒干扰、恢复初始状态的能力。"脆弱"和"脆弱性"的概念最早应用于生态学与灾害学等领域,20世纪60年代由法国学者Albinet和Marget将相关概念引入地下水资源研究中。随后一段时间,对水资源脆弱性的研究成果大多集中于地下水资源脆弱性方面。

宏观的水资源脆弱性概念及内涵尚在讨论之中。目前,在对水资源脆弱性的定义和内涵的研究成果中,较为受到认可的有如下几种说法:Kulshreshtha等认为,"水资源脆弱性"是水资源系统易于受到破坏的性质,这种破坏包括四个方面:对水资源系统本身的破坏,对其所依赖的生态系统的破坏,对系统中生存的人类的破坏和对相应的社会经济的破坏。联合国减灾署认为,脆弱性指的是那些能够增加自然系统对于灾害影响的敏感性条件,这些条件通常由物理、社会、经济等决定。政府间气候变化专门委员会(the Intergovernmental Panel on Climate Change,IPCC)持续对气候变化下的水资源脆弱性进行了诸多讨论。2007年,IPCC第四次评估报告给出了脆弱性的定义,即产生负面影响的倾向或者趋势,以及相关的应对性和适应性;同时指出,水资源脆弱性是由系统的气候特征、增长幅度和速率、敏感性、适应能力所决定的。2012年,IPCC发布了《管理极端事件和灾害风险推进气候变化适应》报告,进一步阐明了脆弱性与气候极端时间、风险或暴露度之间的关系。2013年,IPCC发布《气候变化2013:自然科学基础(决策者摘要)》,又进一步指出脆弱性的概念包含敏感性与适应性,认为脆弱性与暴露度和灾害频率存在紧密联系。2014年,IPCC第五次评估报告中提出脆弱性包括应对能力和适应能力两个方面。此外,Perveen和James提出,水资源脆弱性是由于水资源有限的可获得性和集中用水而导致的区域脆弱性。

我国学者对于水资源脆弱性概念的研究最早也多集中在地下水方面,对于地表水或者宏观的水资源脆弱性研究则起步较晚。目前,国内普遍认为水资源脆弱性与系统的承载能力和适应能力密切相关,是一种因受自身和外在因素影响而导致的水资源系统失衡的特性和状态。近年来,已有众多学者针对水资源脆弱性问题进行了研究与讨论,但受限于各学者的经验累积与认识角度的不同,对脆弱性的定义还没有统一。本研究汇总了一些比较有代表性的水资源脆弱性定义,见表1.2-1。

表1.2-1 国内学者对水资源脆弱性的定义

序号	姓名	水资源脆弱性定义	时间	来源
1	唐国平等	水资源系统在气候变化及人类等的作用下,其结构发生改变,水资源数量减少和质量降低,及由此引发的水资源供给、需求及管理的变化和旱、涝等自然灾害的发生	2000年	地球科学进展
2	刘绿柳	水资源系统易于遭受人类活动、自然灾害威胁和损失的性质和状态,受损后难以恢复到原来状态和功能的性质。水资源脆弱性的评价范围应当包括地表水系统、地下水系统和与水资源相关的社会系统,涉及水量和水质两个方面	2002年	水土保持通报
3	邹君等	特定地域的自然或人为地表水资源系统,在服务于生态经济系统的生产、生活和生态功能过程中,或者在抵御污染、自然灾害等不良后果出现的过程中表现出的适用性或敏感性	2006	水资源保护
4	李剑颖	涉及承载力、恢复力和持续性三个方面,是受自身因素的限制,水资源系统易于遭受其他自然因素和人为活动的破坏,并且破坏后难以恢复到原有状态,因而难以维持其自身及人类社会的发展和良好的生态环境的可持续性的性质,评价框架应涉及水量、水质及水能三个方面	2007	北京师范大学硕士学位论文

续表

序号	姓名	水资源脆弱性定义	时间	来源
5	冯少辉	在一定社会历史和科学技术发展阶段,水资源脆弱性指的是某一地区的水资源在服务于社会经济领域和生态环境领域的过程中易受到人类活动、自然灾害影响和破坏的性质和状态,或者受损后缺乏恢复到初始状态的能力的性质	2010	水资源保护
6	张笑天等	"宏观的水资源脆弱性"指的是特定地域天然或人为的地表水资源系统在服务于生态经济系统的生产、生活和生态功能的过程中,或者在抵御污染、自然灾害等不良后果出现的过程中所表现出来的适用性或敏感性	2010	华北水利水电学院学报
7	夏军等	区域水资源受到气候变化(包括变异和极端事件)和人类活动等扰动(包括供需矛盾、人口压力等)的胁迫而易于受损的一种性质。它是水资源系统对扰动的灾害、暴露度、敏感性及应对扰动的抗压性能力的函数	2012	气候变化研究进展
8	翁建武等	受气候变化、极端事件、人类活动等因素的影响,水资源系统正常的结构和功能受到损害并难以恢复到原有状态的倾向或趋势	2013	人民黄河
9	潘争伟等	水资源系统对自然、人为等因素的干扰和破坏所引起的敏感性,以及系统对上述因素的适应性响应(适应能力),包括自然禀赋脆弱性、开发利用脆弱性和用水效率脆弱性三方面	2016	自然资源学报

1.2.2.2 水资源脆弱性评价方法

随着对水资源脆弱性特征研究的深入以及研究结果的不断丰富,关于水资源脆弱性的研究方法越来越多。研究方法的选择对水资源脆弱性的评价结果有着至关重要的作用。以水资源脆弱性为主要检索关键词,对引用次数在30次以上的文献进行索引,绘制与此相关的关键词共现图,见图1.2-3。根据该关键词共现图,可以将水资源脆弱性评价方法划分为定性评价法和定量评价法两类。

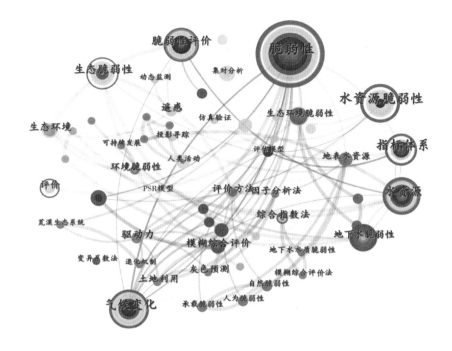

图1.2-3 水资源脆弱性相关文献关键词共现图

定性评价法通过对与水资源系统联系紧密的影响因素进行分析,找出主要的影响因素。定性评价法主要采用归纳分析法和比较分析法,如吴青等定性分析了黄河河源区水资源脆弱性的影响因素;Li M H 等基于气候变化,对我国台湾南部气候变化与水资源脆弱性变化之间的关联问题开展了研究。

定量评价法是指决策者在全面了解和考察研究区水资源状况后,整理数据资料,利用数据模型对研究区进行定量评价。定量评价法具有准确、客观、系统及易于进行回溯分析的特点,已被广泛应用于各研究领域。指标评价法和函数法是定量评价法的两类主要方法。指标评价法:首先构建评价体系,其次确定体系中的每项指标,最后利用数学模型计算得出水资源脆弱性的评价结果。指标评价法计算流程主要包括构建评价指标体系、确定指标权重、选择评价模型以及确定评价标准。函数法从水资源脆弱性的内在机理出发,根据系统脆弱性的内在联系构建评价函数。函数法在确定水资源脆弱性构成要素的基础上,根据要素之间的相互关系,构建水资源脆弱性评价函数。

1.2.3 水资源可持续发展研究现状

水是生命存在的源泉,生态良好的基础,生产发展的要素,在人类生存与发展的过程中起着不可或缺的基础性和战略性作用。随着人类社会的飞速发展,水资源短缺与污染成为阻碍人类社会进步的重要因素之一。水危机将会成为石油危机之后的另一个危机。

20 世纪 90 年代,一些专家明确指出水资源将会成为 21 世纪最重要的资源。为唤起人类节约用水和开发利用水资源的意识,"世界水日"于 1993 年 3 月 22 日设立。正如专家预测的那样,自 2000 年以后,水资源的短缺与污染已成为当代世界最严重和最重大的资源环境问题之一。在全球气候变化、人口增加和经济发展的共同作用下,人们对水的需求量不断增加,而随之产生的水污染问题也越来越严重。2000 年 9 月,在纽约的联合国总部,世界各国领导人签署了《联合国千年宣言》。联合国千年发展目标中提出,到 2015 年要将全球无法持续获得安全饮用水和基本卫生设施的人口比例减半。2012 年"世界水日"联合国科技文化组织公布的数据显示,全球有 8.84 亿人口仍在使用未经净化改善的饮用水源。2021 年《世界水发展报告》指出,与大多数其他珍贵的资源不同,水的真正"价值"很难被确定。因此,这一关键资源的总体重要性在世界许多地区的政治关注和财政投资中没有得到充分体现。这不仅导致水资源和涉水服务的获得不平等,也导致供水服务本身的低效与不可持续乃至退化,影响了几乎所有可持续发展目标的实现,也影响了基本人权。全球每年因缺水而造成的经济损失达 100 多亿元,因水污染而造成的经济损失更达 400 多亿元。水资源可持续发展已经成为人类社会不断前进的战略核心问题,促进水资源可持续发展已经是世界各国发展战略的关键。

1.2.3.1 概述

发展是可持续发展的前提,贫困和落后是造成资源与环境破坏的基本原因,只有发展经济,消除贫困,在发展中保护好环境,才能实现可持续发展。我们只有一个地球,世界各国协同合作才能实现可持续发展。

可持续发展是一种伴随着科学技术的进步和社会生产力的飞速发展,出现人口过快增长、资源过度消耗、生态与环境质量严重下降等问题,人类不得不重新反思自己的发展历程,重新审视自己的社会经济行为,然后从全局的角度来考察人类社会、经济、自然、资源、环境等问题,坚持以生态可持续为基础、以环境可持续为准则、以资源可持续为核心、以经济可持续为条件、以社会可持续为目标,最终促使社会共同进步、持续性发展,并与自然、环境和谐一致的思想。其基本观点包括无贫穷、零饥饿、良好健康与福祉、优质教育、性别平等、清洁饮水和卫生设施、经济适用的清洁能源、体面工作和经济增长、产业创新和基础设施、减少不平等、可持续城市和社区、负责任消费和生产、气候行动、水下生物、陆地生物、和平正义与强大机构以及促进目标实现的伙伴关系,共计17个方面内容。

1987年,世界环境与发展委员会出版《我们共同的未来》报告,将可持续发展定义为:既能满足当代人的需要,又不对后代人满足其需要的能力构成危害的发展。从此,走可持续发展之路,迅速成为世界各国政府的共识。1992年,联合国在巴西里约热内卢召开环境与发展大会,大会通过了《里约环境与发展宣言》和《21世纪议程》,将可持续发展列为全世界的发展战略。

1974年,在罗马举行的世界粮食会议提出:在对水资源的开采利用过程中,不能肆意对水资源存在所需的自身条件资源本身进行毁坏,要做到"没有任何破坏作用的开发"。随着经济全球化进程的加剧,世界各国都遭受着破坏水资源的可持续发展所带来的恶果——资源匮乏,生态环境严重恶化。从1985年开始,在陆陆续续地召开的各种国际会议中,都提出了"持久地利用和开发水资源"的口号。在20世纪90年代初召开的联合国环境与发展大会,通过了《21世纪议程》。该议程主要论述了水资源可持续发展对人类社会可持续健康发展的重要性,强调了以河流为研究对象的淡水资源的管理和开发,以及国民积极参与管理的重要意义,具体研究了多种课题,包括:由资源保障、供需合理、预防污染等多角度内容组成的水资源可持续发展的基础;把水库泥沙淤积和洪水得到有效控制放到优先位置;组建高标准的国家水资源信息数据库,可以对水资源的发展进行考核,舒缓由污染、干旱、泥石流等原因造成的困扰等。

根据水资源可持续发展相关文献关键词共现图(图1.2-4),不难看出水资源的可持续发展是可持续发展的重要分支,同时受限于与之相关的自然资源与人类活动两大方面。因此,水资源可持续发展的定义可以从五方面进行界定:第一,合理开发,适当利用,对水资源的使用不仅不能损害水资源本身的价值,还必须注意在开采利用的过程中避免对周围生态环境造成破坏;第二,按照适度原则对水资源进行开发使用,不能影响后人的使用、生存和发展;第三,满足自身的需求和使用之后,不能对其他人的使用权利和义务以及利益造成影响和损害;第四,在可持续发展过程中,策略抉择的主要准则需要考虑水资源的使用效率和社会效益、经济效益、生态效益;第五,不能因为对水资源的开发利用而影响生态系统和地理系统的平衡发展。对水资源的开发利用应注重长远利益,不能只看眼前;不仅要对水资源进行有效的开发和使用,达到最好的经济效益、社会效益和生态效益,而且坚决不能影响和损害环境和生态。从量的角度来说,水资源的开采量要小于水资源的循环补充量,水资源的开采速度要低于水资源的循环速度;从质的角度来说,在满足人们用水的需求时,要保证质量过关,让人们放心、安心使用,做到真正意义上水资源的可持续发展。

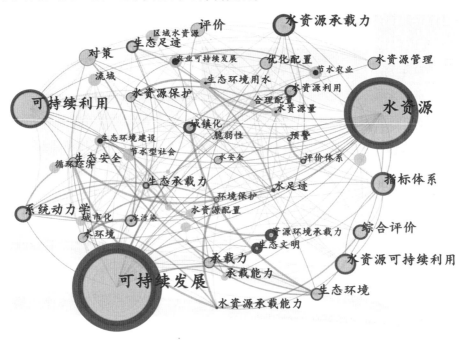

图1.2-4　水资源可持续发展相关文献关键词共现图

1.2.3.2 水资源可持续发展的基本原则

可持续发展作为人类现阶段保障人与自然和谐相处的新型发展模式,若要真正有效实施,在生态环境、经济增长及社会发展方面形成一个持续高效的协调运行机制,就必须遵循公平性、可持续性、和谐性、需求性和共同性等原则。

1.公平性原则

公平指的是机会选择的平等。可持续发展所遵循的公平性原则,包括三层意思:一是本代人的公平,即同代人之间的横向公平性;二是代际间的公平,即世代人之间的纵向公平;三是公平分配有限资源。目前,有限自然资源的分配十分不均,如占全球人口26%的发达国家消耗的能源、钢铁和纸张等占全球资源的80%以上,而发展中国家的经济发展却面临着严重的资源约束。

2.可持续性原则

这里的可持续性是指生态系统受到某种干扰时能保持其生产率的能力。资源环境是人类生存与发展的基础和条件,离开了资源环境,人类的生存与发展就无从谈起。可持续性的核心是人类经济和社会发展不能超越资源与环境的承载能力,资源的持续利用和生态系统可持续性的保持是人类社会可持续发展的首要条件。可持续发展要求人们根据可持续性的条件调整自己的生活方式,在生态可能的范围内确定自己的消耗标准。

3.和谐性原则

可持续发展不仅强调公平性,同时也要求具有和谐性,正如《我们共同的未来》报告中所指出的:从广义上说,可持续发展战略就是要促进人类之间及人类与自然之间的和谐。如果每个人在考虑和安排自己的行动时,都能考虑到这一行动对其他人(包括后代人)及生态环境的影响,并能真诚地按"和谐共胜"原则行事,那么人类与自然之间就能保持一种互惠共生的关系,也只有这样,可持续发展才能实现。

4.需求性原则

传统发展模式以传统经济学为支柱,所追求的目标是经济增长,主要立足于市场发展生产,对资源的有限性考虑不足。这种发展模式不仅使世界资源环境承受的压力不断增加,而且人类对一些基本物质的需要仍然不能得到满足。可持续发展则坚持公平性和长期的可持续性,优先考虑自然供给能力,根据自然供给能力来强调人的需求,而不是市场商品。

人类需求是由社会和文化条件所确定的,是主观因素和客观因素相互作用、共同决定的结果,与人的价值观和动机有关。首先,人类需求是一种系统,这一系统是人类的各种需求相互联系、相互作用而形成的一个统一整体。其次,人类需求是一个动态变化过程,在不同时期和不同文化阶段,旧有需求系统将不断地被新的需求系统所代替。

5.共同性原则

鉴于世界各国历史、文化和发展水平的差异,可持续发展的具体目标、政策和实施步骤不可能是唯一的。但是,可持续发展作为全球发展的总目标,所体现的公平性和可持续性原则应该是共同遵从的。要实现这一总目标,必须采取全球共同的联合行动。从广义上讲,可持续发展的战略就是要促进人类之间及人类与自然之间的和谐。如果每个人、每个国家在考虑和安排自己的行动时,都能考虑到这一行动对其他人(包括后代人)及生态环境的影响,并能真诚地按"共同性"原则行动,那么人类及人类与自然之间就能保持一种互惠共和的关系,实现长期绿色发展。过去的发展经历也证明,只有这样,可持续发展才能实现。

1.3 研究内容

以重庆市水资源承载能力评价为主要研究对象,以期得出重庆市的水资源承载状况;同时,通过分析评价重庆市水资源脆弱性演变特征,为未来重庆市水资源可持续发展提供决策建议。

1.重庆市水资源总量承载能力计算与分析

以2017年为计算基准年,行政区域为研究单元,分析重庆市及各区(县)水资源承载能力状况,并对比分析近年趋势。对水资源承载负荷超过或接近承载能力的地区,实行预警提醒和限制性措施建议。

2.重庆市水资源承载能力评价

概述水资源承载能力研究进展及水资源承载能力模型,基于实物量指标方法以及基于DPSIR模型,开展重庆市水资源承载能力评价,摸清重庆市水资源三级分区和区(县)范围两种尺度单元的水资源承载能力。

3.开展重庆市水资源脆弱性评价

概述水资源脆弱性理论与方法,采用集对分析法与模糊综合评价法对各计算单元进行水资源脆弱性分析计算,得出各计算单元及重庆市的整体水资源脆弱性情况,为重庆市未来水资源可持续发展、水资源高效与优化管理提供技术支撑。

4.提出重庆市水资源可持续发展策略

根据水资源承载能力、水资源脆弱性评价结果,结合经济社会对水资源的承载负荷核算,评价重庆市水资源承载状况,建立重庆市水资源承载能力监测预警机制,构建水资源承载预警平台,对水资源超载区提出有针对性的管控措施。

第2章 | 水资源及其承载能力

〜〜〜〜〜〜〜〜〜〜〜〜〜〜〜〜〜〜〜〜〜〜〜〜〜〜〜〜〜〜〜〜〜〜

2.1 水资源

2.1.1 水资源概述

水资源作为一种具体的自然资源,它的存在与表现形式多种多样、形态各异。其基本定义包括广义和狭义两种。广义的水资源是指地球上以气态、固态和液态形式存在的水体。狭义的水资源定义受社会、经济和技术等非自然因素影响而各有特色。在国际上极具权威和影响力的《美国大百科全书》对水资源的定义是:全部自然界任何形态的水,包括气态、固态和液态三种形式。世界气象组织和联合国教科文组织的 *International Glossary of Hydrology*(第三版,2012年)指出,水资源是指可以利用或有可能被利用的水源,这个水源应具有足够的数量和合适的质量,并满足某一地方在一段时间内具体利用的需求。《水利科学技术名词》指出,水资源是指地球上具有一定数量和可用质量能从自然界获得补充并可资利用的水。

从水资源最被广泛认可和接受的两种定义可以看出,作为地球上最重要的资源之一,水资源同时具备社会属性和自然属性。它既具有支撑人类生存和发展的不可替代性,也是维系地球生态平衡、表征环境质量状况最直接、最活跃的自然要素之一,具有不可替代性、周期性、不均匀性、用途多样性和生态公益性的特征。另外,作为战略性基础资源,水资源还是国家综合国力的主要组成部分。

1.不可替代性

地球上水的体积大约有 $13.8×10^8 km^3$。其中,海洋占了 $1.38×10^8 km^3$(约96.5%);冰川和冰盖占了 $0.24×10^8 km^3$(约1.7%);地下水占了 $0.24×10^8 km^3$(约1.7%);湖泊、内陆海和河道的淡水占了 $0.24×10^8 km^3$(约1.7%);大气中的水蒸气占了

0.13×10⁵ km³(约0.001%)。①在现行技术与需求背景下,大概70%的淡水固定在南极和格陵兰岛的冰层中,真正可以被利用的水源不到0.1%。正是这储量极为有限的水资源,衍生并支撑了地球的存在,且现状条件下,其多方面的作用与功能尚无其他来源可替代。

2.周期性

周期性是体现水资源为环境中最活跃要素的特定属性,也是水资源本质上区别于其他自然资源的特征。水资源在自然界不停运动并积极参与自然环境中一系列的物理、化学和生物过程,通过不断消耗和恢复的水循环过程,实现贮存更新交替。

3.不均匀性

全球淡水资源分布极其不平衡,不均匀性表现强烈。在水资源的周期交替过程中,在不同时间和空间上表现出显著的异质性。在时间分布上,年际与年内均存在丰枯交替变化,年际交替多为不确定性交替,年内交替则表现出相对稳定的周期特征。在空间分布上,水资源最丰富的是大洋洲,径流模数为51.0 L/(s·km²);最少的是亚洲,径流模数为10.5 L/(s·km²),约占大洋洲的1/5。按照地区分布,巴西、俄罗斯、加拿大、美国、中国、印度尼西亚等几个国家的淡水资源占到了世界淡水资源总量的60%。

4.用途多样性

用途多样性是指水资源在参与人类社会活动过程中,被直接或间接广泛利用于农业生产、工业生产和生活,以及发电、水运、水产、旅游和环境改造等。在各种不同的用途中,有的是消耗性用水,有的是非消耗性或消耗很小的用水。不同行业间对水质要求也各不相同。充分发挥水资源一水多用特性,提高其综合效益,有利于促进经济社会健康发展。在对水资源用途多样性利用过程中,若方式选择不当,也会产生破坏人类生存环境、制约人类发展的负面影响,甚至造成灾害。例如,水利工程若设计不当或管理不善,可能在洪水期间造成垮坝事故,也可能在水位变化过程中引起土壤次生盐碱化、富营养化等环境问题。水资源量过多或过少,都可能引起各种自然灾害:水量过多容易造成洪水、涝滞灾害,水量过少容易出现干旱、盐渍化等灾害。过量开发利用水资源,会使区域超载,挤占生态用水,出现环境负效应;超量开采地下水,将形成地下采空区,出现地面塌

---

① 王开章.现代水资源分析与评价[M].北京:化学工业出版社,2006:12.

陷、海水回灌等次生地质灾害。

5.生态公益性

随着对水资源各特性更加了解，人类社会对水资源的开发利用逐渐达成共识。具有里程碑意义的是1987年2月，在日本东京召开了世界环境与发展委员会第八次会议，世界环境与发展委员会发布了《我们共同的未来》，论述了当时世界环境与发展方面存在的问题，提出了可持续发展的概念，并给出了处理这些问题的具体的和现实的行动建议。

此后，不合理挤占天然生态系统用水和环境用水的现象被逐渐揭露，由此诱发的诸多生态问题和环境问题开始受到关注，生态环境需水应实现优先保障的要求逐渐得到认可。

2.1.2 我国水资源基本特征

2.1.2.1 我国水资源数量

就水资源而言，我国淡水资源总量约为2.8万亿 m^3，占全球淡水资源总量的6%，仅次于巴西、俄罗斯、加拿大、美国和印度尼西亚，居世界第六位，但人均只有2000 m^3，仅为世界平均水平的1/4、美国的1/5，是全球人均水资源贫乏的国家之一，属于缺水严重的国家。受气候和地形影响，淡水资源的地区分布极不均匀，大量淡水资源集中在南方，北方淡水资源只有南方淡水资源的1/4。我国主要的淡水资源集于境内的河流和湖泊，因此，河湖的分布与水量的多少，直接影响各地人民的生活和生产。我国七大流域中，以珠江流域人均水资源量最多，长江流域稍高于全国平均数，而海河及滦河流域是全国水资源最紧张的地区。

根据2020年度《中国水资源公报》，绘制了1956—2016年全国水资源总量变化过程，见图2.1-1。与多年平均值比较，统计时段内全国各年份水资源总量变化不大。1990—1999年偏多3.9%，2000—2009年偏少3.9%，2010年以来偏多3.7%。南方4区1990—1999年偏多4.8%，2000—2009年偏少3.2%，2010年以来偏多3.2%；北方6区1990—1999年接近多年平均值，2000—2009年偏少6.9%，2010年以来则偏多5.8%。

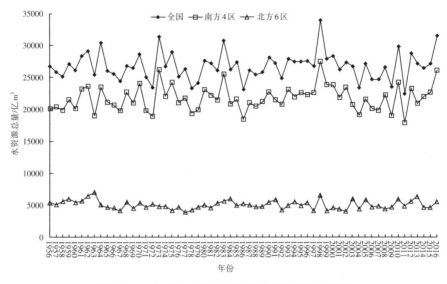

图2.1-1　1956—2016年全国水资源总量变化图

2.1.2.2 我国水资源分布

我国水资源在时空分布上具有显著不均匀性。在时间分布上,夏秋季节降雨相对丰沛,冬春季节相对较少,且季节之间与年际之间的变化显著,具有明显的不确定性。空间分布整体情况是南多北少,与耕地南少北多的分布特征不匹配。其中,我国南方地区受夏季风控制时间长,每年雨季开始早结束晚,雨季持续时间长,降雨总量较大。东南沿海地区夏秋季常有台风登陆,带来大量降水。整体上,南方地区河流径流量大,汛期持续时间相对较长,水资源相对丰富。北方地区因远离海洋,受夏季风控制时间短,雨季开始晚结束早,雨季持续时间短,降雨总量相对偏小,整体水资源量比较少。就东西部而言,我国东部地区受来自海洋的夏季风影响,年降水量相对较多,水循环活跃,河川径流量大,水资源总量较为丰富;但西部地区深居内陆,距离海洋遥远,夏季风较少能够到达,从而年降水量少,河流径流量小,水资源总量较为贫乏。与水资源时空分布特征相反的土地资源分布情况是,在我国小麦、棉花的集中产区——华北平原,耕地面积约占全国的40%,而水资源只占全国的6%左右。水、土资源配合欠佳的状况,进一步加剧了中国北方地区缺水的程度。

以2017年为例，《2017年中国水资源公报》中全国各水资源一级区水资源量及各省级行政区水资源量见表2.1-1和表2.1-2。

表2.1-1 2017年我国各水资源一级区水资源量

水资源一级区	降水量/mm	地表水资源量/亿m³	地下水资源量/亿m³	地下水与地表水资源不重复量/亿m³	水资源总量/亿m³
全国	664.8	27746.3	8309.6	1014.9	28761.2
北方6区	333.4	4181.9	2596.7	864.7	5046.6
南方4区	1252.5	23564.4	5712.9	150.2	23714.6
松花江区	451.0	1086.0	462.2	181.5	1267.5
辽河区	459.8	220.4	164.8	72.8	293.1
海河区	500.3	128.3	223.3	143.8	272.2
黄河区	488.8	552.9	376.7	106.3	659.3
淮河区	874.7	699.8	419.2	258.8	958.6
长江区	1121.8	10488.7	2606.4	126.0	10614.7
其中:太湖流域	1244.1	183.7	44.4	23.2	206.9
东南诸河区	1546.6	1799.3	450.7	9.2	1808.5
珠江区	1679.5	5250.5	1158.2	15.0	5265.5
西南诸河区	1163.7	6025.9	1497.6	0.0	6025.9
西北诸河区	183.3	1494.5	950.5	101.5	1596.0

表2.1-2 2017年我国各省级行政区水资源量

省级行政区	降水量/mm	地表水资源量/亿m³	地下水资源量/亿m³	地下水与地表水资源不重复量/亿m³	水资源总量/亿m³
全国	664.8	27746.3	8309.6	1014.9	28761.2
北京	592.0	12.0	20.4	17.7	29.8
天津	496.6	8.8	5.5	4.2	13.0
河北	478.8	60.0	116.3	78.4	138.3
山西	579.5	87.8	104.1	42.4	130.2
内蒙古	208.2	194.1	207.3	115.8	309.9
辽宁	543.6	161.0	86.6	25.3	186.3
吉林	595.9	339.8	133.3	54.5	394.4
黑龙江	526.6	626.5	273.2	116.0	742.5
上海	1195.5	27.8	9.2	6.2	34.0

省级行政区	降水量/mm	地表水资源量/亿m³	地下水资源量/亿m³	地下水与地表水资源不重复量/亿m³	水资源总量/亿m³
江苏	1006.8	295.4	114.5	97.5	392.9
浙江	1556.2	881.9	204.3	13.4	895.3
安徽	1255.0	717.8	201.0	67.1	784.9
福建	1513.0	1054.2	287.5	1.4	1055.6
江西	1658.9	1637.2	379.5	17.9	1655.1
山东	635.8	139.1	151.1	86.5	225.6
河南	827.8	311.2	206.5	111.8	423.1
湖北	1309.5	1219.3	319.0	29.5	1248.8
湖南	1499.4	1905.7	436.8	6.7	1912.4
广东	1739.2	1777.0	440.7	9.6	1786.6
广西	1805.7	2386.0	446.6	2.0	2388.0
海南	2062.2	380.5	96.8	3.4	383.9
重庆	1275.3	656.1	116.1	0.0	656.1
四川	941.4	2466.0	607.5	1.2	2467.1
贵州	1175.3	1051.5	260.8	0.0	1051.5
云南	1351.5	2202.6	762.0	0.0	2202.6
西藏	631.7	4749.9	1086.0	0.0	4749.9
陕西	801.2	422.6	141.6	26.6	449.1
甘肃	317.7	231.8	133.4	7.1	238.9
青海	338.9	764.3	355.7	21.4	785.7
宁夏	331.6	8.7	19.3	2.1	10.8
新疆	192.4	969.5	587.0	49.1	1018.6

注：未含港澳台地区数据，以下涉及全国省级行政区的统计计算均与此相同。

根据表2.1-1，在一级水资源分区中，南方4区的地表水资源量和水资源总量分别占全国地表水资源量和水资源总量的84.93%和82.45%，而长江区的地表水资源量和水资源总量分别占南方4区的44.51%和44.76，占全国的37.8%和36.9%，是我国水资源量最为丰沛的一级水资源区。海河区的地表水资源量和水资源总量分别仅占北方6区的3.07%和5.39%，占全国的0.46%和0.95%，是我国水资源量最少的一级水资源区。

2.1.2.3 我国水资源利用

近20年来,全国用水总量总体呈缓慢上升趋势,在节水政策推行、水资源循环利用技术发展等多方面因素影响下,2013年后全国用水总量基本持平。从各行业用水总量来看,生活用水呈持续增加态势,工业用水从总体增加转为逐渐趋稳且略有下降,农业用水情况易受当年降水分布和实际灌溉面积的影响,年际间用水量有一定波动。整体上,生活用水占用水总量的比例逐渐增加,农业用水和工业用水量占用水总量的比例则有所减少。1997—2020年全国用水量及主要行业用水量变化见图2.1-2。

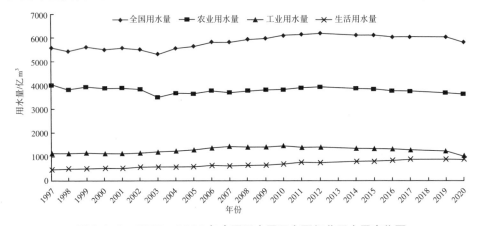

图2.1-2　1997—2020年全国用水量及主要行业用水量变化图

《中国水资源公报》的统计数据表明,1997年以来用水效率明显提高,全国万元国内生产总值用水量和万元工业增加值用水量均呈显著下降趋势,耕地实际灌溉亩均用水量总体上呈缓慢下降趋势,人均综合用水量基本维持在400—450 m³之间。

1997—2020年全国主要用水指标变化见图2.1-3。2020年与1997年比较,耕地实际灌溉亩均用水量由492 m³下降到356 m³;万元国内生产总值用水量、万元工业增加值用水量分别下降了84%、87%(按可比价计算)。与2015年相比,万元国内生产总值用水量和万元工业增加值用水量分别下降28.0%和39.6%(按可比价计算)。

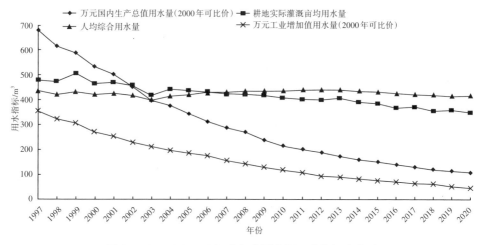

图2.1-3 1997—2020年全国主要用水指标变化图

我国水能资源理论蕴藏量近7亿kW,占常规能源资源量的40%。其中,经济可开发容量近4亿kW,年发电量约1.7亿kW·h,我国是世界上水能资源总量最多的国家。中国水能资源的70%分布在西南四省市和西藏自治区。其中,长江水系最多,其次为雅鲁藏布江水系,黄河水系和珠江水系也有较大的水能蕴藏量。目前,已开发利用水能资源的地区,主要集中在长江、黄河和珠江的上游。

2.1.2.4 近5年我国水资源利用变化

以全国31个省级行政区(不含香港、澳门及台湾)为研究单元,讨论近5年我国水资源利用的变化特征。为便于比较,将各研究单元划分为东、中、西三大地区。其中,东部地区包括北京、天津、河北、辽宁、上海、江苏、浙江、福建、山东、广东及海南,共11个省级行政区;中部地区包括山西、吉林、黑龙江、安徽、江西、河南、湖北及湖南,共8个省级行政区;西部地区包括内蒙古、广西、重庆、四川、贵州、云南、西藏、陕西、甘肃、青海、宁夏及新疆,共12个省级行政区。

基于研究单元划分,以《中国水资源公报》(2016—2020年)和《中国统计年鉴》(2017—2021年)为依据,对各研究单元在2016—2020年期间的水资源利用类型相对变化特征和水资源利用效率变化特征进行计算。

1.水资源利用类型相对变化特征

根据我国对水资源的相关分类和实际用水情况,可以把我国的水资源利用类型划分为农业用水、工业用水、生活用水和生态用水四种类型。其中,生活用水为城镇生活用水和农村生活用水,城镇生活用水由居民用水和公共用水(含第三产业及建筑业等用水)组成;生态用水为人为措施供给的城镇环境用水和部分河湖、湿地补水,但不包括降水、径流自然满足的水量。对于我国水资源利用变化的区域差异,可以用水资源利用类型的结构变化来表示,对此引入水资源利用类型的相对变化率 R_{WU},其公式如下:

$$R_{WU} = \frac{P_b/P_a}{E_b/E_a}$$
（公式2.1-1）

公式2.1-1中,P_a 和 P_b 分别表示某省份某一特定水资源利用类型的研究期初和研究期末的用水量,单位为万 m^3;E_a 和 E_b 分别表示全国某一特定水资源利用类型的研究期初和研究期末的用水量,单位为万 m^3。

如果某省份某种水资源利用类型相对变化率 $R_{WU}>1$,则表明该省份这种水资源利用类型较全国变化较大;若 $R_{WU}=1$,则表明该省份水资源利用类型与全国变化一致;若 $R_{WU}<1$,则表明该省份水资源利用类型较全国变化较小。

根据公式2.1-1,计算出2016—2020年我国各省份农业用水量、工业用水量、生活用水量、生态用水量和用水总量的相对变化率,结果见表2.1-3。从用水类型的空间变化来看,生态用水量的空间变化差异最大,农业用水量、工业用水量和生活用水量次之,用水总量的变化最小。

表2.1-3　水资源利用类型相对变化率计算结果表

省级行政区	农业用水量	工业用水量	生活用水量	生态用水量	用水总量
全国平均	0.996	0.978	1.032	1.041	1.006
北京	0.556	1.002	0.919	0.720	1.090
天津	0.895	1.038	1.121	0.725	1.062
河北	0.878	1.055	0.992	2.074	1.041
山西	0.916	1.220	1.102	0.676	1.002
内蒙古	1.049	0.977	1.041	0.591	1.061
辽宁	0.978	1.094	0.955	0.614	0.992
吉林	0.950	0.607	0.885	0.841	0.922
黑龙江	0.925	1.140	0.909	0.427	0.926
上海	1.093	1.141	0.895	0.465	0.967

省级行政区	农业用水量	工业用水量	生活用水量	生态用水量	用水总量
江苏	1.027	1.210	1.080	1.115	1.029
浙江	0.952	0.936	0.974	0.591	0.940
安徽	0.950	1.096	1.000	0.689	0.959
福建	1.235	0.760	0.949	1.394	1.007
江西	1.095	1.057	0.961	0.676	1.034
山东	0.988	1.323	1.043	1.168	1.081
河南	1.026	0.898	1.060	1.251	1.083
湖北	1.059	1.078	0.913	4.985	1.028
湖南	1.047	0.827	0.971	1.145	0.959
广东	0.998	0.934	1.028	0.516	0.968
广西	0.983	0.884	0.848	0.706	0.934
海南	1.052	0.614	0.917	1.022	1.016
重庆	1.186	0.707	1.055	0.718	0.941
四川	1.030	0.535	1.024	0.473	0.921
贵州	0.958	0.924	0.984	0.878	0.933
云南	1.091	0.993	1.132	0.730	1.079
西藏	1.062	1.015	1.256	0.465	1.072
陕西	1.007	1.010	1.097	0.779	1.037
甘肃	0.922	0.709	1.066	1.213	0.966
青海	0.928	1.172	1.019	0.465	0.952
宁夏	1.086	1.212	1.600	0.860	1.124
新疆	0.970	1.161	1.184	3.303	1.048

从表2.1-3各用水类型相对变化率的计算结果看：①农业用水相对变化率全国差异明显。其中,变化最大的省份是福建,为1.235,是全国平均水平的1.24倍,其次是重庆,为1.186;而变化最小的省份是北京,仅为0.556,是全国平均水平的0.56倍。福建农业用水相对变化率最大,是北京的2.22倍。②工业用水的相对变化率以山东的变化最大,为1.323,是全国平均水平的1.35倍,变化最小的是四川省,为0.535,仅为全国平均水平的0.55倍。工业用水相对变化率最大的山东是四川的2.47倍。③生活用水的相对变化率计算结果表明,西藏、新疆、宁夏、山西、天津、云南等地的变化大于全国的变化,吉林和广西的相对变化率较小,其

他省份围绕全国的变化水平稍有浮动。④生态用水相对变化率的差异最大,其中湖北、新疆及河北的相对变化率最大,分别为4.985、3.303和2.074,分别是全国平均水平的4.79倍、3.17倍和1.99倍;而黑龙江、西藏、青海、四川等地的变化均小于全国的变化,其中黑龙江的变化率最小,仅为0.427,为全国平均水平的0.41倍。⑤用水总量的相对变化率计算结果表明,各省的变化差异相对单个行业变化小,最大值对应的宁夏为1.124,为全国平均水平的1.12倍,最小值对应的四川为0.921,总体变化差异不大。

根据各行业用水量和用水总量的结构变化率计算结果,我国各行业水资源利用变化率有显著差异,这不仅与各省份的社会经济布局有关系,还与各自区域内的水资源特征有关。从各行业用水量在用水总量的占比情况来看,我国水资源利用结构空间变化的主导因素仍然是农业用水。例如,江苏用水总量相对变化率明显大于全国平均水平,其主要原因是该省四大用水类型的相对变化率均高于全国平均值。江苏在统计时段内处于经济飞速发展阶段,GDP位居全国第二,各种类型的用水量都有所增加。

2.水资源利用效率变化特征

由于我国水资源消耗量的70%以上都用于经济生产活动,故特定区域经济活动中的水资源利用效率在很大程度上决定了该区水资源总体的利用效率。表2.1-3的结果也表明,从经济方面衡量水资源的利用效率,以经济活动中水资源利用效率代替水资源总体利用效率可行。本研究基于区位熵概念,计算水资源利用效率。

具体计算方法是将全国各省份GDP占全国总GDP的比重与各省份用水总量占全国水资源用量的比重相比,将该比值作为水资源利用效率。具体公式如下:

$$E_{WU_{ij}} = \frac{G_{ij}/G_j}{W_{ij}/W_j} \qquad (公式2.1-2)$$

公式2.1-2中,$E_{WU_{ij}}$为i省份j年份的水资源利用效率;G_{ij}为i省份j年份的地区GDP,单位亿元;G_j为j年份的全国GDP,单位亿元;W_{ij}为i省份j年份的地区用水量,单位万m³;W_j为j年份的全国用水量,单位万m³。

根据公式2.1-2,计算出我国各省份2016—2020年的水资源利用效率,见表2.1-4。

表 2.1-4　水资源利用效率变化计算结果表

省级行政区	2016 年	2017 年	2018 年	2019 年	2020 年
全国平均	1.294	1.278	1.265	1.230	1.225
北京	5.163	5.072	5.099	5.191	5.106
天津	5.277	4.850	4.377	3.040	2.909
河北	1.400	1.420	1.177	1.179	1.137
山西	1.378	1.489	1.498	1.371	1.392
内蒙古	0.581	0.569	0.556	0.552	0.513
辽宁	1.306	1.310	1.283	1.170	1.115
吉林	0.631	0.618	0.622	0.621	0.601
黑龙江	0.271	0.250	0.247	0.267	0.250
上海	2.289	2.253	2.302	2.304	2.279
江苏	1.057	1.042	1.034	0.985	1.031
浙江	1.927	2.094	2.206	2.306	2.262
安徽	0.726	0.733	0.786	0.812	0.828
福建	1.257	1.264	1.368	1.462	1.377
江西	0.605	0.602	0.579	0.598	0.604
山东	2.205	2.158	2.072	1.916	1.887
河南	1.416	1.380	1.354	1.396	1.331
湖北	0.949	0.920	0.935	0.917	0.895
湖南	0.749	0.742	0.712	0.733	0.786
广东	1.467	1.487	1.527	1.598	1.570
广西	0.445	0.448	0.451	0.459	0.487
海南	0.721	0.703	0.710	0.700	0.722
重庆	1.866	1.860	1.848	1.889	2.045
四川	0.995	1.013	1.094	1.124	1.178
贵州	0.941	0.939	0.916	0.949	1.135
云南	0.794	0.757	0.759	0.918	0.903
西藏	0.302	0.309	0.323	0.325	0.339
陕西	1.683	1.656	1.687	1.707	1.659
甘肃	0.486	0.474	0.485	0.485	0.471
青海	0.686	0.685	0.696	0.684	0.713
宁夏	0.389	0.375	0.370	0.329	0.321
新疆	0.137	0.145	0.154	0.142	0.139

根据区位熵的相关原理,借鉴马海良等人的研究成果,再结合我国水资源利用现状特征,将我国水资源利用效率划分为四类:①高效型($2.0 \leqslant E_{WU} < 6.0$);②较高效型($1.0 \leqslant E_{WU} < 2.0$);③较低效型($0.5 \leqslant E_{WU} < 1.0$);④低效型($0 \leqslant E_{WU} < 0.5$)。按照此四种类型,2016—2020年各省份水资源利用效率类型划分结果具体见表2.1-5。

表2.1-5　各省份2016—2020年水资源利用效率类型划分结果

水资源利用效率类型	赋值区间（E_{WU}）	划分结果				
		2016年	2017年	2018年	2019年	2020年
高效型	$[2.0, 6.0)$	北京、天津、上海、山东	北京、天津、上海、浙江、山东	北京、天津、上海、浙江、山东	北京、天津、上海、浙江	北京、天津、上海、浙江、重庆
较高效型	$[1.0, 2.0)$	河北、山西、辽宁、江苏、浙江、福建、河南、广东、重庆、陕西	河北、山西、辽宁、江苏、福建、河南、广东、重庆、四川、陕西	河北、山西、辽宁、江苏、福建、河南、广东、重庆、四川、陕西	河北、山西、辽宁、福建、山东、河南、广东、重庆、四川、陕西	河北、山西、辽宁、江苏、福建、山东、河南、广东、四川、贵州、陕西
较低效型	$[0.5, 1.0)$	内蒙古、吉林、安徽、江西、湖北、湖南、海南、四川、贵州、云南、青海	内蒙古、吉林、安徽、江西、湖北、湖南、海南、贵州、云南、青海	内蒙古、吉林、安徽、江西、湖北、湖南、海南、贵州、云南、青海	内蒙古、吉林、江苏、安徽、江西、湖北、湖南、海南、贵州、云南、青海	内蒙古、吉林、安徽、江西、湖北、湖南、海南、云南、青海
低效型	$[0, 0.5)$	黑龙江、广西、西藏、甘肃、宁夏、新疆	黑龙江、广西、西藏、甘肃、宁夏、新疆	黑龙江、广西、西藏、甘肃、宁夏、新疆	黑龙江、广西、西藏、甘肃、宁夏、新疆	黑龙江、广西、西藏、甘肃、宁夏、新疆

如表2.1-5所示,我国水资源利用效率基本上呈现出东高西低的格局,东部地区省份多为高效型和较高效型,西部地区省份则多为低效型和较低效型,并且这种水资源利用效率的空间格局在时间上变化不大。从各省份的划分情况来看,计算时段内各省份的水资源利用效率较为稳定。例如,2016年,天津的水资源利用效率最高,为5.277;北京次之,为5.163;新疆的水资源利用效率最低,为0.137。2020年,北京的水资源利用效率最高,为5.106;天津次之,为2.909;新疆的水资源利用效率最低,为0.139。

从各省份所属水资源利用效率类型划分结果来看,水资源利用高效型省份主要是北京、天津及上海,以及在近几年推行地区产业转型升级和产业结构调整的浙江和山东。在水资源利用方面大力推广节水与宣传引导节水,使地区水资源利用效率和节水技术水平得到较大提升。水资源利用低效型大多为经济相对欠发达省份,这些省份大都是以农业为主要产业的区域,且年内农业用水量占总用水量的70%以上,其中新疆、西藏及黑龙江的农业用水量更是占总用水量的85%以上。这些地区受种植方式等因素的影响,农业用水以传统方式为主,节水效率相对不高,高效节灌措施尚有较大的推广空间。此外,农产品的单位用水产值和市场价值相对其他产业又比较低,故这些地区计算得到的水资源利用效率为低效型。随着节水技术的推广,传统农业灌溉方式的改进,这些地区的水资源利用效率都有较大的提升空间。

从水资源利用效率类型的时间变化来看,变化最明显的是浙江和四川。其中,浙江的水资源利用效率从2016年的较高效型上升为2017年及以后的高效型,出现这种变化的原因可能由于产业结构调整、节水措施在重要用水行业的推广,整体上提高了区域的水资源利用技术水平。浙江作为长三角地区的组成部分,经济实力一直位居我国前列,近些年又不断调整产业结构,基本形成以装备制造、电子信息等高新技术产业为主导的产业结构;而高新技术产业和第三产业需水量相对较少,在一定程度上提升了单位耗水量的产业价值,从而使得浙江的水资源利用效率等级从较高效型跻身于高效型。

四川在2016年属于较低效型,自2017年起晋升为较高效型。一方面是因为2016年四川水资源利用效率为0.995,位于两种类型过渡的较小差距范围;另一方面是因为2017年以来,四川全面推行实施国家和省内节水行动方案,全面推行用水总量和强度双控、工业节水减排、农业节水增效、城镇节水降损、缺水地区节水开源及科技创新引领六大重点行动,通过提高工业用水重复利用率、工艺节水、废水深度处理回用、加大非常规水源利用等途径,推动工业节水减排,加强农业节水增效,积极推进大中型灌区节水改造,全面提升农业灌溉用水效率。这一系列举措为提高四川省水资源用水效率奠定了重要基础。截至2020年底,全省用水总量、万元GDP用水量和万元工业增加值用水量较2015年降幅分别为11%、37%和68%,累计建成全国节水型社会达标县45个。

2.2 水资源承载能力

2.2.1 水资源承载力与承载能力

Arrow 等于 1995 年在 *Science* 上发表论文《经济增长、承载力和环境》。该论文的发表,标志着承载力成为探讨可持续发展问题的主体内容之一。承载力由资源承载力与环境承载力组成。资源承载力是指一个国家或一个地区资源的数量和质量,对该空间内人口的基本生存和发展的支撑力,是可持续发展的重要体现。环境承载力是指在一定时期内,在维持相对稳定的前提下,环境资源所能容纳的人口规模和经济规模的大小。根据此定义,地球的面积和空间是有限的,它的资源也是有限的,与之对应,它的承载力也是有限的。因此,人类的生产和生活活动必须保持在地球承载力的极限之内。

相比于承载力,承载能力最早来自 1798 年 Malthus 在《人口论》中对人口增长的观点描述(Brush,1975)。其中反映了承载能力的理论思想,即人口数量增长形式为几何级数,食物数量增长形式为算术级数,若认为人类能够无极限增长,随着时间的推移,在自然因素的影响下,人类将面临饥荒、疾病、抢夺食物等一系列问题,人口数量也将受到食物的限制,因此,人口数量必然不能无限增长。20 世纪中后期,工业化的迅速崛起和资源的快速消耗,引起资源耗竭与环境恶化等问题,承载能力在自然资源利用、环境规划、自然资源管理等领域被广泛关注和研究,逐渐衍生出了土地、水资源、能源、环境、矿产资源承载能力等相关概念。

承载能力与承载力之间既有共同点,又有差异。从目前针对这两个概念开展的相关研究来看,在不同的领域,其表征对象不同。其中,在强调上限阈值时,一般称为承载能力,表示一种极限;若表征承载的均衡状态,即判断研究对象处于超载、平衡或可承载类别时,一般称为承载力。

关于水资源承载力的研究最早可追溯到 20 世纪 70 年代,国际经合组织和联合国教科文组织共同针对资源短缺国家的森林、土地、水等自然资源开展了一系列的承载力研究,并首次提出了水资源承载力的相关概念。但是,直到 20 世纪 80 年代后期,考虑到土地承载力研究的局限性和片面性,在联合国教科文组织的资助下,水资源承载能力研究才在土地承载能力、环境承载能力和资源承载能力研究的基础上逐渐发展起来,主要反映水资源系统和社会经济系统之间的一种动态平衡关系。

水资源承载能力可认为是指区域水资源在临近破坏水资源可持续利用状态时所能持续支撑区域的最大经济社会发展规模,它与水资源—经济社会—生态环境复合系统密切关联,是衡量水资源可持续利用的重要指标,同时具备资源和环境双重属性特征。

2.2.2 水资源承载能力的时代意义

如前所述,水资源承载能力是在人类社会发展与资源环境之间的矛盾日趋尖锐背景下诞生的。区域可持续发展理论作为水资源承载能力评价研究的指导思想,其追求人口、资源、环境与社会的协调发展;而水资源承载能力就是以水资源为限制因素,谋求水资源对人口、生态环境和经济社会的强大支撑能力。因此,可持续发展的理论框架应作为区域水资源承载能力评价研究的基础。

在区域背景下,供水量与水资源可利用量(主体)密切相关,用水量与社会发展程度(客体)联系紧密,区域水资源承载能力基础理论中将供水和用水平衡理论纳入其中,其时代指导意义主要体现在:

第一,在区域背景下,衡量水资源承载能力对于实行最严格水资源管理制度的"三条红线"控制具有重要意义。水资源承载能力是一项综合指标,它涉及水资源、生态环境和经济社会等多个系统及其相互作用关系。水资源承载能力相关基础和支撑理论的研究,对于水资源承载能力评价模型科学合理的建立、区域水资源承载能力支撑容量的恰当度量和区域可持续发展的实现,意义重大。全面客观地评价一个区域的水资源承载能力,可为规划区域发展、优化产业布局和合理开发利用水资源提供科学指导。

第二,水资源—经济社会—生态环境系统理论从水资源、经济社会和生态环境3个子系统相互作用机理角度出发,须综合考虑水资源对区域人口、经济社会和环境的支撑力。在这个层面上,水资源承载能力评价研究的特点是着眼于探讨水资源承载主体与承载客体间各有关要素的相互作用关系。水资源承载能力的变动性在一定程度上可由人类活动加以调控,这使得区域水资源承载能力具有变动性,甚至可增强性特点。其变动的主要驱动力为每年水资源产生的随机变动性和水资源需求的自由增长。区域水资源承载能力的大小是以水资源支撑人口、经济水平和生活水平的形式呈现出来的,因此,水资源承载能力评价研究需要在水资源—经济社会—生态环境系统理论思想、动态变化思想的指导下进行。

2.2.3 水资源承载能力模型

自水资源承载能力概念因时代需求诞生以来,业内外已广泛开展了水资源承载能力的理论研究和应用研究,并且取得了丰硕的成果。对各类模型进行梳理归纳,较为常用的相关模型主要有模糊综合评价模型,基于不确定性原理的云理论模型,集对分析论,基于经济、社会、环境和政策四大要素的 DPSIR 概念模型,等等。在实际应用中,这些方法既有单独应用研究,也有各种方法之间的耦合应用。各模型方法的基本原理概要介绍如下:

2.2.3.1 模糊综合评价模型

模糊综合评价模型的基本思想是应用模糊关系合成的原理,根据被评价对象本身存在的形态或类属上的亦此亦彼性,从数量上对其所属进行刻画和描述。将模糊综合评价法用于水资源承载能力评价当中,能够较好地实现对水资源承载能力多层次、多指标的综合评价,比传统的评价方法更符合实际情况。它主要基于模糊数学的隶属度理论,将定性的评价转为定量,结果清晰,系统性强,能很好地解决模糊且难以量化的问题。

1.基本原理

评价因素(指标)集,记为 $U=\{u_1, u_2, \cdots, u_n\}$,其中 $u_1, u_2, \cdots, u_n$ 是被评价对象的各个影响因素。评价等级集,记为 $V=\{v_1, v_2, \cdots, v_m\}$,其中,$v_1, v_2, \cdots, v_m$ 为各个等级。对于每个单评价因素 $u_i(i=1, 2, \cdots, n)$ 进行评价,得到 V 的模糊集 $\{r_{i1}(v_1), r_{i2}(v_2), \cdots, r_{im}(v_m)\}$。它就是从 U 到 V 的一个模糊映射 f。

一般地,从 U 到 V 的一个模糊映射 f,可以确定一个模糊关系矩阵 R。可记为 $U \xrightarrow{R} V$。

设 $\tilde{R}$ 为集合 $U=\{u_1, u_2, \cdots, u_n\}$ 到 $V=\{v_1, v_2, \cdots, v_m\}$ 的一个模糊关系,$\forall u_i \in U$,$\forall v_j \in V$,$(i \in N, j \in M)$,模糊关系 $\tilde{R}$ 的隶属度 $u_{\tilde{R}}(u_i, v_j)$ 为 r_{ij},则模糊关系 $\tilde{R}$ 可用如下的模糊矩阵 R 来表示:

$$R=(r_{ij})_{n \times m} = \begin{bmatrix} r_{11} & r_{12} & \cdots & r_{1m} \\ r_{21} & r_{22} & \cdots & r_{2m} \\ \cdots & \cdots & \cdots & \cdots \\ r_{n1} & r_{n2} & \cdots & r_{nm} \end{bmatrix} \qquad \text{(公式 2.2-1)}$$

其中,$r_{ij}=u_{\tilde{R}}(u_i, v_j) \in [0, 1]$。

2.基本步骤

根据模糊综合评价法的基本原理,首先要构建评价对象集合,将含有 n 项评价指标的评价对象构建为一个指标因素集合 $U=\{u_1,u_2,...,u_n\}$,再将有 m 个等级的评价等级构建成为另一个评级集合 $V=\{v_1,v_2,...,v_m\}$。

给集合 U 和集合 V 建立评价矩阵,通过一定的法则计算集合 U 中的每个指标值对于评价等级集合 V 中的隶属度 r_{ij},从而得到第 i 项指标的评价结果 $r_i=\{r_{i1},r_{i2},...,r_{ij}\}$,以隶属度 r_{ij} 构建出模糊评价矩阵 R:

$$R=\begin{bmatrix} r_{11} & r_{12} & ... & r_{1j} \\ r_{21} & r_{22} & ... & r_{2j} \\ ... & ... & ... & ... \\ r_{i1} & r_{i2} & ... & r_{ij} \end{bmatrix}\left(r_{ij}>0,\text{且} \sum_{j=1}^{n} r_{ij}=1 \right) \qquad \text{(公式2.2-2)}$$

根据模糊评价矩阵 R,建立综合评价矩阵 $B(b_1,b_2,...,b_j)$:

$$B=W\times R \qquad \text{(公式2.2-3)}$$

再求综合权重:

$$W=(w_1,w_2,...,w_j),b_j=\sum_{i=1}^{n} w_i \cdot r_{ij}(j=1,\ 2,\ ...,\ n)。$$

由综合评价矩阵得出综合评价值:

$$F=\sum_{j=1}^{n} b_j^k a_j / \sum_{j=1}^{n} b_j^k \qquad \text{(公式2.2-4)}$$

其中,k 作为控制因子体现优势等级作用,其值越大,水资源承载能力越高。一般情况下,k 取1。由于评价指标值对于评价对象的影响有积极的和消极的,计算消极影响指标的隶属度公式为:

$$\gamma_1=\begin{cases} 0.5\times(1+\dfrac{A_1-u_i}{A_2-u_i}),u_i<A_1 \\[2mm] 0.5\times(1-\dfrac{u_i-A_1}{A_2-A_1}),A_1\leq u_i<A_2 \\[2mm] 0,u_i\geq A_2 \end{cases} \qquad \text{(公式2.2-5)}$$

$$\gamma_2 = \begin{cases} 0.5 \times (1 - \dfrac{A_1 - u_i}{A_2 - u_i}), u_i < A_1 \\ 0.5 \times (1 - \dfrac{u_i - A_1}{A_2 - A_1}), A_1 \leqslant u_i < A_2 \\ 0.5 \times (1 + \dfrac{A_3 - u_i}{A_3 - A_2}), A_2 \leqslant u_i < A_3 \\ 0.5 \times (1 - \dfrac{A_3 - u_i}{A_2 - u_i}), u_i \geqslant A_3 \end{cases} \qquad \text{(公式 2.2-6)}$$

$$\gamma_3 = \begin{cases} 0.5 \times (1 + \dfrac{A_3 - u_i}{A_2 - u_i}), u_i \geqslant A_3 \\ 0.5 \times (1 - \dfrac{u_i - A_3}{A_2 - A_3}), A_2 \leqslant u_i < A_3 \\ 0, u_i < A_2 \end{cases} \qquad \text{(公式 2.2-7)}$$

其中,A_1 是 V_1 与 V_2 区间的界值,A_3 是 V_2 与 V_3 区间的界值,A_2 取 V_2 区间内的中点值。

在积极影响指标的隶属度公式中,需要将">"改为"<","<"改为">",再用相同计算公式处理即可。

2.2.3.2 云模型

博弈概念广泛存在于自然界和人类活动的各个方面,它虽然不像确切的数学符号那样准确,但是比确切的数学符号更具有普遍性,很多抽象的知识如果用数学符号表示,往往是很困难的。针对那些已经确切量化了的客观世界,如果想要用概念对其进行描述,就需要建立从定量表示到定性描述的转换模型。云模型就是一种随机性和模糊性之间的转换机制,实现定性与定量的转换。

1. 基本原理

在人工智能研究中,人们常常将模糊性和随机性分别进行研究。但是,模糊性和随机性之间有很强的关联性。1995年,李德毅等在传统模糊数学和概率统计基础上,针对模糊集理论基石的隶属函数,提出了隶属云的新思想,给出了用数字特征描述隶属云的方法和正态隶属云的数学模型,探讨了隶属云发生器的实现技术及应用场合,为用定性和定量相结合的方法研究社会和自然科学中的诸多问题奠定了基础。

假设 U 是一个精确数值量表示的论域，C 是 U 的定性概念，对于任意一个论域中的元素 x，都存在一个有稳定倾向的随机数 $\mu(x) \in [0,1]$，叫作 x 对 C 的隶属度，则 x 在论域 U 上的分布称为云，每个 x 称为一个云滴。

2.云模型的数字特征

云模型的数字特征用期望 E_x、熵 E_n 和超熵 H_e 三个数值来表征。期望 E_x 是云滴在论域空间分布的期望。熵 E_n 是定性概念随机性的度量，不但能反映云滴的离散程度和不均匀程度，而且能反映云滴的取值范围。对于论域的定性概念有贡献的云滴，主要落在区间 $[E_x-3E_n, E_x+3E_n]$ 上。超熵 H_e 是熵的不确定性度量，即熵的熵，由熵的随机性和模糊性共同决定，反映了不确定度的凝聚性。

一般而言，超熵 H_e 越大，隶属度的随机性越大，云的"厚度"也越大，越不稳定。三个表征数值的隶属度关系如图2.2-1所示。

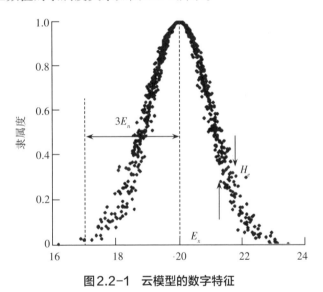

图2.2-1　云模型的数字特征

3.云模型的性质

一般而言，云模型具有以下三方面特性：

第一，论域 U 既可以是一维的也可以是多维的。论域 U 上的任意 x 到区间 $[0,1]$ 上的映射是一对多的转换。

第二,云是由许许多多的云滴所组成的,云滴与云滴之间是无顺序性的。一个云滴是定性概念在数量上的一次实现,单个云滴是无足轻重的,但是云滴越多越能反映这个定性概念的整体特征。

第三,x对C的确定度是一个概率分布,而不是一个固定的数值,因而由此形成的云不是一条明晰的曲线。云滴的确定度反映了云滴能够代表该定性概念的程度,云滴的确定度越大,则云滴对概念的贡献也越大。特别需要说明的是,x对定性概念C的一次随机实现是概率意义下的实现,而x对C的确定度是模糊集意义下的隶属度,同时又具有概率意义下的分布。所有的这些都体现了随机性和模糊性的关联性。

4.云发生器

云模型是云的具体实现方法,是其他云运用的基础。云模型多样性的实现构成了不同类型的云,包括对称云模型、半云模型、组合云模型、二维云模型、多维云模型、正态云模型等。正态云模型属于对称云模型的一种,是最基本的云模型。正态云的理论是建立在正态分布的普遍性与正态隶属函数的普遍性的基础上的,它的期望曲线是一个正态型曲线。从定性概念到其定量表示的映射用云发生器来表示。一般而言,云发生器分为正向云发生器和逆向云发生器,定性概念到定量表示的转换过程称为正向云发生器;由定量表示到定性概念的转换过程称为逆向云发生器。

1)正向云发生器

正向云发生器的算法过程主要是:输入数字特征(E_x, E_n, H_e, n),生成云滴x_i;输出n个云滴x_i及其确定度$u_i, i=1, 2, \cdots, n$,如图2.2-2。具体的计算步骤如下:

①生成以E_n为期望值和H_e^2为方差的一个正态随机数$E'_{ni} = \text{NORM}(E_n, H_e^2)$;

②生成以E_x为期望值和$E_{ni}^{'2}$为方差的一个正态随机数$x_i = \text{NORM}(E_x, E_{ni}^{'2})$;

③计算确定度$\mu_i = e^{-(x_i - E_x)^2 / 2E_{ni}^{'2}}$;

④生成具有确定度u_i的x_i成为数域中的一个云滴;

⑤重复①至④步,直到产生要求的n个云滴为止。

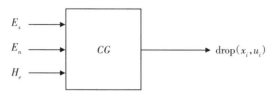

图2.2-2　正向云发生器

2）逆向云发生器

逆向云发生器的算法过程主要是:输入样本点 x_i, $i=1,2,\cdots,n$;输出数字特征 (E_x,E_n,H_e,n),如图2.2-3。具体的计算步骤如下:

①根据样本 x_i 计算均值 $\overline{X}=\dfrac{1}{n}\sum\limits_{i=1}^{n}x_i$,一阶样本绝对中心矩 $\dfrac{1}{n}\sum\limits_{i=1}^{n}\left|x_i-\overline{X}\right|$,样本方差 $S^2=\dfrac{1}{n-1}\sum\limits_{i=1}^{n}(x_i-\overline{X})^2$;

②计算 $E_x=\overline{X}$、熵 $E_n=\sqrt{\dfrac{\pi}{2}}\times\dfrac{1}{n}\sum\limits_{i=1}^{n}\left|x_i-E_x\right|$ 和超熵 $H_e=\sqrt{S^2-E_n{}^2}$。

图2.2-3　逆向云发生器

2.2.3.3 集对分析法

1.基本原理

集对分析法是用于处理确定不确定系统问题的系统分析方法,于1989年由中国学者赵克勤提出。根据任何事物或概念所处的系统,都可以划属到确定性与不确定性两个方面,并将之视为一个综合系统,予以辩证的同异反分析,建立可计算的数学模型,从而使"确定性和不确定性关系"通过数学集合得以体现。

集对是指有一定联系的两个集合组成的对子。集对分析理论的核心思想是将确定不确定作为一个相互联系、相互制约及相互渗透,又可在一定条件下相互转化的确定不确定系统来处理。在实际处理中,从同、异和反三个方面分析客观事物之间的联系与转化,并用联系度描述系统的各种不确定性,从而把对不确定性的辩证认识转换成定量分析的数学运算。

2.基本步骤

将集对分析方法应用于水资源承载能力评价,就是从系统性和代表性的角度,选择评价对象与评价标准。

步骤1:按照集对定义,即在某特定属性方面有联系的两个集合组成的对子,那么承载状态与承载能力就是一个集对,其中承载状态用集合 A 表示,承载能力用集合 B 表示,则 A 和 B 就构成一个集对。通过对集对的关系特性做同一性、差异性、对立性的分析,建立集对的同、异和反三种关系,并用联系度(联系数)表征这些关系:

$$\mu = a + bi + cj \quad\quad\quad (公式2.2-8)$$

公式2.2-8中,$a, b, c \in [0, 1]$,且 $a + b + c = 1$;a 为集对的同一度;b 为集对的差异度;c 为集对的对立度。它们实际上就是所论属性的同、异和反三方面的模糊关系;i 为差异度系数,取值区间为 $[-1, 1]$,有时仅起差异标记作用;j 为对立度系数,一般取值为 -1,有时仅起对立标记作用;a 和 cj 是相对确定性的项;bi 是相对不确定性的项,可统一描述随机性、模糊性、灰色性、未确知性、中介(反映客观事物相互过渡的各离散状态)不确定、信息不足等不确定性信息。

一般而言,集对是集对分析的基础。而集对分析认为,集合是一个处于基底层次的元概念,面对受对立同一规律制约的客观对象,要求元素性质完全同一的一个集合去描述本意上是对立同一的一个客观对象,避免出现悖论,只有把集合概念提升到集对这个层次,承认矛盾,正视不确定性,给予客观承认、系统描述、定量刻画、具体分析,才能找出解决问题的方法。

步骤2:建立集对以后,通过以下几项指标来探求集对之间的确定性与不确定性关系。

1)联系度(数)

联系度(数)是集对分析处理问题的基本工具,实际应用中联系度、联系数的概念已趋于等同。在实际问题中,当其中的同一、差异、对立出现缺失项时,联系度(数)的基本表达式则可记作:

$$\mu = a + bi \quad\quad\quad (公式2.2-9)$$

$$\mu = a + cj \quad\quad\quad (公式2.2-10)$$

$$\mu = bi + cj \quad\quad\quad (公式2.2-11)$$

其中,公式2.2-9为同异式,公式2.2-10为同反式,公式2.2-11为异反式。

联系数的基本表达式建立在对描述对象进行"同、异、反"划分的基础上,称为同异反联系数或三元联系数;而在实际应用中仅对描述对象所处的状态空间做"一分为三"的划分。有时候不够细化,需要对联系数表达式 $\mu = a + bi + cj$ 做不同层次的扩展,称为联系数的可展性。对联系数进行扩展后得到多元联系数,表达式如下:

$$
\begin{cases}
\mu = (a_1 + a_2 + \cdots + a_m) + (b_1i_1 + b_2i_2 + \cdots + b_ni_n) + (c_1j_1 + c_2j_2 + \cdots + c_kj_k) \\
\displaystyle\sum_{x=1}^{m} a_x + \sum_{y=1}^{n} b_y + \sum_{z=1}^{k} c_z = 1
\end{cases}
$$

（公式2.2-12）

公式2.2-12中: a_x, b_y, c_z 为联系分量, $a_x, b_y, c_z \in [0,1]$; $i_1, i_2, \cdots, i_n$ 为差异度系数,取值区间为 $[-1,1]$,有时仅起差异标记作用; $j_1, j_2, \cdots, j_k$ 表示对立度系数,取值规定为-1,有时仅起对立标记作用。

2）集对势

当联系度 $\mu = a + bi + cj$ 中的 $c \neq 0$ 时,同一度 a 与对立度 c 的比值 (a/c) 定义为所论集对 H 在指定问题背景下的联系势或集对势,记为 $shi(H) = a/c$,集对势可划分为三类:

①集对同势: $shi(H) = a/c > 1$,说明客观系统之间存在同一趋势;

②集对反势: $shi(H) = a/c < 1$,说明客观系统之间存在对立趋势;

③集对均势: $shi(H) = a/c = 1$,说明客观系统之间的联系处于稳定状态。

3）偏联系数

偏联系数是在联系数理论基础上提出的一种反映研究对象发展趋势的伴随函数。

设有联系数 $\mu = a + bi + cj$,其中 $a, b, c \in [0,1]$, $a + b + c = 1$, $i \in [-1,1]$, $j = -1$,则:

偏正联系数:

$$\partial u^+ = \frac{a}{a+b} + \frac{b}{b+c} i_1$$

（公式2.2-13）

偏负联系数:

$$\partial u^- = \frac{a}{a+b} + \frac{b}{b+c} i_2$$

（公式2.2-14）

全偏联系数：

$$\partial u = \partial u^+ - \partial u^- = \left(\frac{a}{a+b} + \frac{b}{b+c} i_1 \right) - \left(\frac{a}{a+b} + \frac{b}{b+c} i_2 \right) \qquad （公式2.2-15）$$

公式2.2-13至公式2.2-15中：i_1、i_2为差异度系数，取值区间为$[-1,1]$。

公式2.2-8表示的是同异反状态联系数。公式2.2-13表示了联系数的正向发展趋势，反映了联系数的一种正向（同向）变化趋势，称为偏正联系数。公式2.2-14表示了联系数的负向发展趋势，反映了联系数的一种负向（反向）变化趋势，称为偏负联系数。公式2.2-15反映了联系数的一种综合发展趋势，称为全偏联系数，当全偏联系数分别大于零、等于零和小于零时，分别称为正向发展趋势、临界趋势和负向发展趋势。

4）联系变量与联系函数

联系变量是指在宏观层次上随时间t等因素变动的联系数，如$\mu(t)$，$\mu(x)$等。若联系变量$\mu(y)$的变化由另一个联系变量$\mu(x)$引起，则称$\mu(y)$是$\mu(x)$的联系函数。其中，$\mu(x)$为自变不确定量，$\mu(y)$为因变不确定量。

2.2.3.4 DPSIR概念模型

1.基本原理

DPSIR概念模型是一种基于因果关系组织信息及相关指数的层次框架模型，由目标层、准则层和指标层构成。准则层包括驱动力、压力、状态、影响及响应五大指标类型，涵盖经济、社会、环境和政策四大要素，准则层中大类指标又包括多个与之关联的具体小指标。其中，驱动力（D）是指导致水资源系统发生变化的自然和社会经济因素；压力（P）是通过驱动力作用直接施加于水资源系统促使其变化的压力，主要是社会经济发展对水资源的需求指标；状态（S）是指水资源系统在压力作用下所处的状态，主要为水资源系统满足用水需求的能力指标；影响（I）是水资源系统的状态对社会经济、生活及人类健康的影响；响应（R）是社会对水资源系统的开发利用采取的管理措施。

在DPSIR模型的应用方面，选择的评价对象不同，各指标选择倾向性有差异。现摘录董四方等人的研究成果，比对汇总见表2.2-1。

表2.2-1 DPSIR模型应用案例指标选择对比表

指标	水资源系统脆弱性分析	山西省水资源可持续评价指标	生态承载力	西藏水资源脆弱性评价	西北地区水资源可持续利用综合水平	潍坊区域水资源可持续利用评价	深圳市水资源承载力评价
驱动力(D)	产水系数	人均GDP(X_1)	人均GDP/(元/人)	人口密度X_1/(人/km²)	GDP增长率 〔社会经济〕	GDP增长率	GDP
	干旱指数	人均GDP增长率(X_2)	人口自然增长率/%	人均GDPX_2/元	人口增长率	人口密度	
	人口密度/(人·km⁻²)	人均工业总产值(X_3)	城镇居民人均可支配收入/元	一产比重X_3/%	万元GDP废水排放量	人均水资源量	
	城市化率/%	居民人均年收入(X_4)	农村居民人均可支配收入/元		水质优良率 〔水污染程度〕	万元GDP耗水量	
	人均GDP/万元	居民人均年消费(X_5)	城镇居民恩格尔系数/%				
		人口密度(X_6)	农村居民恩格尔系数/%				
		人口年增长率(X_7)					
		年降水量(X_8)					

表2.2-1(续)

指标	水资源系统脆弱性分析	山西省水资源可持续评价指标	生态承载力	西藏水资源脆弱性评价	西北地区水资源可持续利用综合水平（水需求压力）	潍坊区域水资源可持续利用评价	深圳市水资源承载力评价
压力(P)	万元GDP用水量/m^3	万元工业增加值用水量(X_9)	人口密度/(人·km^{-2})	地表水用水比X_4/%	社会总用水量	工业用地下水比例	工农业需水指标
	万元GDP废水排放量/m^3	农业灌溉用水量(X_{10})	二氧化硫排放量/10^4 t	农业用水比X_5/%	农业用水比例	生态用水比例	城镇居民生活需水指标
	需水量模数/(10^{4}m^3·km^{-2})	万元林木渔业用水量(X_{11})	工业废水排放量/10^4 t	城镇居民生活用水X_6/(L/d)	工业用水比例	人均日生活用水量	废污水排放量指标
	水旱灾害受灾率/%	居民人均用水量(X_{12})	生活污水废水排放量/10^8 t	人均耕地面积X_7/hm^2	生活用水比例	工业水重利用率	
	土壤侵蚀模数/(t·km^{-2}·a^{-1})	废污水排放率(X_{13})	工业固体废弃物排放量/10^4 t	人均用水量X_8/[L/(人·d)]	生态用水比例	供水能力	
	荒漠化程度/%	工农业用水比例(X_{14})			地下水开采率		
		综合耗水率(X_{15})			人口缺水率		
					牲畜缺水率		

准则层	类别						
压力（P）	生态环境压力	水土流失率	水资源开发利用程度				
		干旱指数	水资源可利用量指标				
	社会经济	万元 GDP 综合用水量	农田有效灌溉率	水资源开发利用率 X_9/%	建成区绿化覆盖率/%	水资源开发利用率（X_{16}）	人均水资源量/m³
		万元工业增加值用水	水资源开发利用率	人均水资源量 X_{10}/万 m³	第二产业贡献率/%	人均年供水量（X_{17}）	顷均水资源量/m³
		人均水资源量	年降水量	年降水量 X_{11}/mm	建成区面积/km²	农田有效灌溉面积（X_{18}）	地表水资源开发利用率/%
		亩均水资源量	人均 GDP	单方水粮食产量 X_{12}/kg	水资源总量/10^4 m³	水资源可利用量（X_{19}）	地下水开发利用程度/%
状态（S）	用水效率	水资源开发利用率		实际耕地亩均水资源量 X_{13}/m³	人均公园绿地面积/m²	地表水资源量（X_{20}）	工业用水重复利用率/%
		水资源复利用率				地下水资源量（X_{21}）	灌溉水利用系数
		人均用水量				重复利用量（X_{22}）	生态用水的比例/%
		农业用水效率				水资源重复利用率（X_{23}）	Ⅲ类以下水质标准淮河段所占比例/%

表 2.2-1（续）

指标	水资源系统脆弱性分析	山西省水资源可持续评价指标	生态承载力	西藏水资源源脆弱性评价	西北地区水资源可持续利用综合水平		潍坊区域水资源可持续利用评价	深圳市水资源承载力评价
状态（S）					供水能力	年降水量		
						地表水供水量		
						地下水供水量		
						水资源开发利用总量		
					蓄水能力	大、中型水库数量		
						水库蓄水量		
				饮用水水源地水质合格率 X_{14}/%	社会经济	单方水GDP产出	城市化水平	水质优良率
				有效灌溉面积 X_{15}/10^3 hm^2		水污染损失	建绿区绿化率	植被覆盖率
				有效灌溉面积占耕地比例 X_{16}/%		人口密度	森林覆盖率	
影响（I）	洪涝经济损失占当年GDP的比例/%	污水处理率（X_{24}）	环境空气质量优良率/%					
	水环境污染损失占当年GDP的比例/%	年耕作面积（X_{25}）	近岸海域水环境质量达标率/%					
	工业用水缺水率/%	森林覆盖率（X_{26}）	第三产业比重/%					

准则层	指标层				子系统	指标层		
影响（I）	生活用水缺水率/%	饮用水水源地水质达标率（X_{27}）	自然保护区面积占辖区面积的比重/%		水资源系统	水资源可利用率	第三产业占GDP比重	水资源综合管理效率
	生态用水缺水率/%	地下水质优良率（X_{28}）	城镇登记失业率/%		生态环境	植被覆盖率		
	农业用水缺水率/%	地表水质优良率（X_{29}）	每万人拥有医院、卫生院床数/张			荒漠化程度		
	饮用水安全人口比例/%		自然保护区面积/10^4 hm^2	节水灌溉面积 X_{17}/万亩				
	森林覆盖率/%			森林覆盖率 X_{18}/%				
	水土流失率/%			生态环境用水比重 X_{19}/%				
响应（R）	节灌率/%	水资源综合管理效率（X_{30}）	能源消费总量/10^4 t标准煤		水资源系统	人均节水度	水土流失治理面积	
	污水处理率/%		垃圾粪便年处理量/10^4 t			污水净化率	污水日处理量	
	污水处理回用率/%		无害化处理厂日处理能力/t			废水排放达标率	工业废水达标排放率	

表 2.2-1（续）

指标	水资源系统脆弱性分析	山西省水资源可持续评价指标	生态承载力	西藏水资源脆弱性评价	西北地区水资源可持续利用综合水平		潍坊区域水资源可持续利用评价	深圳市水资源承载力评价
响应（R）	水土流失治理率/%		生活垃圾清运量/10⁴ t		水资源管理	水利投资占GDP比重	环境投资比	
	水费支出占家庭可支配收入的比例/%		城市市政工程污水处理率/%			水资源综合管理水平指数	年节水量	
	企业水费占生产总值的比例/%		环境管理业投资额/亿元					
	环境保护投资占GDP的比例/%		环护支出占一般公共预算支出的比重/%					
	水工程投资占GDP的比例/%							

在计算具体指标时,一般先构造层次概念模型,再耦合其他数学方法进行具体计算。耦合方法中,运用较多的有主成分分析法、综合权重法等。各方法基本计算思路简要介绍如下:

2.主成分分析法

1)基本原理

主成分分析是一种对高维变量的降维处理技术。该方法最初由 Hotelling 在1933年提出并用于心理学研究,主要思想是把原来多个变量通过数学变换,将一组相关变量转化为另外一组变量,且只有少数几个综合指标。通常把转化生成的综合指标称为主成分,这些综合指标按照方差依次递减的顺序排列,且第一主成分具有最大的方差,第二主成分的方差次之,其中每个主成分都是原始变量的线性组合,且各个主成分之间互不相关。

通过主成分分析得出的各准则层的主成分指标不依赖于原始指标中的几个,而是通过因子分析,更为全面科学地涵盖了可能影响驱动力、压力、状态、影响及响应的全部指标,能更加全面准确地反映水资源承载能力的变化。

2)基本步骤

对于有 n 年样本 p 个变量的原始资料,可构造原始矩阵 $X_{(n \times p)}$,然后按如下方法计算主成分:

①对原始矩阵 $X_{(n \times p)}$ 标准化处理,得到新的数据矩阵。

$$Y=(y_{ij})_{n \times p} \qquad (公式 2.2-16)$$

②建立标准化后的 p 项指标的相关系数矩阵。

$$R=(r_{ij})_{p \times p} \qquad (公式 2.2-17)$$

③计算相关矩阵 R 的特征值及相应的特征向量 $\lambda_1 \geq \lambda_2 \geq \cdots \geq \lambda_p$,并使其从大到小排列;同时求得对应的特征向量 $u_1, u_2, \cdots, u_p$。

④计算贡献率 e_m、累计贡献率 E_m 和主成分荷载 z_m。

$$e_m = \frac{\lambda_i}{\sum_{i=1}^{p} \lambda_i} \qquad (公式 2.2-18)$$

$$E_m = \frac{\sum_{j=1}^{m} \lambda_j}{\sum_{i=1}^{p} \lambda_i} \qquad \text{（公式 2.2-19）}$$

$$z_m = \sum_{j=1}^{n} \sum_{i=1}^{p} u_{ij} y_{ij} \qquad \text{（公式 2.2-20）}$$

其中,根据 $E_m \geq 85\%$ 来确定最终选取指标。

3.综合权重法

综合权重法是指对水资源承载能力计算中涉及的不同指标层,分别赋予各自权重,然后计算得到最终得分的方法。

一般地,确定评价指标权重的方法主要有主观赋权法和客观赋权法。主观赋权法是一类根据专家主观上对各指标的重视程度来确定权重的方法,如层次分析法(AHP);客观赋权法有熵值法、投影寻踪法等,主要依靠原始数据的信息量来决定权重。主观赋权法通常对专家要求较高,难以避免由于个人主观因素而导致的权重不合理性。客观赋权更易真实地反映出指标间的内在关系,但数据过少或不够准确,也会造成结果的不可靠性。

1)层次分析法

层次分析法是指将一个复杂的多目标决策问题作为一个整体,将目标分解为多个目标或准则,进而分解为多指标(或准则、约束)的若干层次,通过定性指标模糊量化方法算出层次单排序(权数)和总排序,以作为目标(多指标)、多方案优化决策的系统方法。计算原则概要介绍如下:

①对综合权重结构模型中的准则层和指标层使用对比矩阵和1—9标度法,确定两两指标比较结果,构成判断矩阵。

②计算矩阵的最大特征值 λ_{max} 和该特征值下的特征向量 w。

③特征向量标准化得到各指标权重向量 w_w。

2)熵值法

熵值法是指用来判断某项指标的离散程度的数学方法。离散程度越大,该指标对综合评价的影响越大。可以用熵值判断某项指标的离散程度。简要计算步骤为:

（1）采用 Z-Score 标准化方法对 n 年 p 项指标进行标准化计算

$$y_{np} = \frac{x_{np} - \overline{x_p}}{S}$$ （公式 2.2-21）

公式 2.2-21 中，x_{np} 为第 p 项指标在第 n 年的原始数据，$\overline{x_p}$ 为第 p 项指标的平均值，S 为原始数据 x_{np} 的标准差。

（2）将指标值 y_{np} 平移变为 y'_{np} 消除负值，即 $y'_{np} = y_{np} + Z$，Z 为 y_{np} 中的最小值

（3）计算第 p 项指标在第 i 年的值 y'_{np} 的比重 R_{np}、熵值 e_p

$$R_{np} = \frac{y'_{np}}{\sum_{n=1}^{i} y'_{np}}$$ （公式 2.2-22）

$$e_p = -k \sum_{n=1}^{i} R_{np} \ln R_{np}$$ （公式 2.2-23）

公式 2.2-23 中，$k = 1/\ln m$。

由此可知，熵值 e_p 取值区间在 $[0,1]$ 之间。

（4）计算各项指标的权重 w_a

$$w_a = \frac{1 - e_p}{\sum_{p=1}^{i} (1 - e_p)}$$ （公式 2.2-24）

根据熵的可加性，可利用指标层各指标的差异性系数，得到准则层各要素的差异性系数，从而得到准则层各要素的权重。

（5）计算综合权重

①计算差异程度系数 R_{En}：

$$R_{En} = \frac{2}{n} \left(1 \cdot w_{a1} + 2 \cdot w_{a2} + \cdots + n w_{an} \right) - \frac{n+1}{n}$$ （公式 2.2-25）

公式 2.2-25 中，n 为指标个数；$w_{a1}, w_{a2}, \cdots, w_{an}$ 为通过熵值法计算得到的客观权重向量 $\boldsymbol{w}_a$ 中各指标权重从小到大的重新排序。

②计算修正系数 t：

$$t = R_{En} \cdot \frac{n}{n-1}$$ （公式 2.2-26）

当熵值法确定的各指标权重相等时，表明各指标在评价中所起的作用相等，指标之间不存在差异，则 R_{En} 为 0，$t=0$；当 $\boldsymbol{w}_a$ 中各指标权重相差很大时，可近似认

为只有一项指标起作用,该指标权重近似为 1 ,此时 R_{En} 近似为 $\dfrac{n-1}{n}$, $t\approx 1$,于是 t 的取值范围为 $0 \leqslant t < 1$ 。

4.熵权法

熵是无序程度的一个度量。熵值代表着指标的信息量,二者成反比关系。在综合评价中,熵值越小,则所含信息越多,权重越高。因此,熵权法是一种客观赋权的方法,通过指标的熵值,计算出各项指标所含权重,为多指标的综合评价提供依据。

1)数据标准化

将指标数据逐个进行标准化处理。

假设给定了 k 项指标 $X_1, X_2, \cdots, X_k$,每项指标有 n 个对象,则 $X_i = \{x_1, x_2, \cdots, x_n\}$ 。假设对各指标数据标准化处理后值为 $Y_1, Y_2, \cdots, Y_K$,如果指标越大评分越高,那么

$$Y_{ij} = \frac{x_{ij} - \min(x_i)}{\max(x_i) - \min(x_i)} \qquad \text{(公式 2.2-27)}$$

反之,
$$Y_{ij} = \frac{\max(x_i) - x_{ij}}{\max(x_i) - \min(x_i)} \qquad \text{(公式 2.2-28)}$$

2)求各指标的信息熵

$$E_j = -\ln (n)^{-1} \sum_{i=1}^{n} p_{ij} \ln p_{ij} \qquad \text{(公式 2.2-29)}$$

其中 $p_{ij} = Y_{ij} / \sum_{i=1}^{n} Y_{ij}$,如果 $p_{ij} = 0$,则定义 $\lim\limits_{p_{ij} \to 0} p_{ij} \ln p_{ij} = 0$ 。

3)确定各指标权重

根据信息熵的计算公式,计算得出各项指标的信息熵为 $E_1, E_2, \cdots, E_K$ 。通过信息熵计算各指标的权重:

$$W_j = \frac{1 - E_j}{k - \sum E_j} \quad (j = 1, 2, \cdots, k) \qquad \text{(公式 2.2-30)}$$

计算各指标权重值并进行检验 $\sum_{j=1}^{k} W_j = 1$ 。

5.TOPSIS模型

TOPSIS模型是对熵权法进行改进后,得到的有利于系统分析水资源承载能力现状与理想状态差距的方法。该模型能够全面客观地反映区域水资源承载能力水平的动态变化趋势。具体计算步骤如下:

1)原始数据预处理

将正指标和逆指标同趋势化,计算公式如下:

正指标:

$$y'_{ij} = y_{ij} \tag{公式2.2-31}$$

逆指标:

$$y'_{ij} = \frac{1}{y_{ij}} \tag{公式2.2-32}$$

式中:y_{ij}为指标初始值;$i=1,2,\cdots,n$;$j=1,2,\cdots,m$。

2)计算规范化矩阵 Z

$$Z_{ij} = \frac{y'_{ij}}{\sqrt{y_{ij}^2}} \tag{公式2.2-33}$$

3)构建加权规范矩阵 X

$$X_{ij} = W_i Z_{ij} \tag{公式2.2-34}$$

4)确定正理想解和负理想解

设 X_{ij}^+ 为评价数据中第 i 项指标在 j 年内的最大值,即最优方案,称为正理想解;X_{ij}^- 为评价数据中第 i 项指标在 j 年内的最小值,即最劣方案,称为负理想解。计算公式如下:

最优方案:

$$X_{ij}^+ = \left\{ (\max X_{ij} \mid i=1, 2, \cdots, m) \right\} = \left\{ \max (X_{ij} \mid X_{i1}^+, X_{i2}^+, \cdots, X_{im}^+) \right\} \tag{公式2.2-35}$$

最劣方案:

$$X_{ij}^- = \left\{ \max (X_{ij} \mid i=1, 2, \cdots, m) \right\} = \left\{ \max (X_{ij} \mid X_{i1}^-, X_{i2}^-, \cdots, X_{im}^-) \right\} \tag{公式2.2-36}$$

5)计算评价对象到正理想解和负理想解的距离

到正理想解的距离:

$$D_{ij}^+ = \sqrt{\sum_{i=1}^{m} (X_{ij}^+ - X_{ij})^2} \tag{公式2.2-37}$$

到负理想解的距离：

$$D_{ij}^- = \sqrt{\sum_{i=1}^{m} (X_{ij}^- - X_{ij})^2}$$

（公式2.2-38）

6）计算评价对象与理想解的贴近程度

$$T_{ij} = \frac{D_{ij}^-}{D_{ij}^+ + D_{ij}^-}$$

（公式2.2-39）

公式2.2-39中，T_{ij}越大，表明该年水资源承载能力越接近最优水平。当$T_{ij} = 1$时，水资源承载能力水平最高；当$T_{ij} = 0$时，水资源承载能力水平最低。一般可将该计算结果划分为五个评判等级：优、较好、一般、较差和差。

2.3 小结

我国水资源总量丰富但人均占有量偏少是长期存在的基本国情。本章通过探析2016—2020年我国水资源基本特征表明，在基本国情不会改变的情况下，维持社会经济的稳定发展，满足人类活动对水资源的需求，有必要采取科学合理的方式开发利用水资源，而实施水资源承载能力评估是保障水资源有效利用的前置条件。

水资源承载能力是指一个区域在一定发展阶段内，在保证一定的社会经济发展水平的情况下，在水资源得到合理开发利用和合理配置的基础上，以社会经济、生态环境可持续发展为目标，广义水资源系统可支撑社会发展的最大规模。它是水资源与社会经济发展联系的一个关键指标，对实现区域水资源—生态—社会经济复合系统的协调发展具有重要意义，是当前水科学研究领域中的重点和热点问题之一。本章梳理了已有研究成果中被广泛应用的多种评价方法，如模糊综合评价法、云模型、集对分析法、DPSIR概念模型方法等，这些方法都可以应用于水资源承载能力评估评价工作，并具有较好的应用效果，但方法自身局限性也使得开展集评价、规划与预测为一体的水资源承载能力研究工作的技术难点更为明确。在实际工作中，可根据需要选择用哪种方法。

第3章 | 水资源脆弱性

3.1 水资源脆弱性内涵

3.1.1 内涵

随着社会的发展和技术的进步,许多地区水资源开发利用程度不断提高,自然—人工二元模式下的水资源演化机理日趋复杂,加之长距离、跨流域调水工程的大量修建,进一步增加了水资源系统的复杂性。从系统角度,以系统方法研究水资源问题,已成为国内外专家和学者的共识。水资源固有脆弱性,就是指脆弱性是水资源的自身特征,水资源脆弱性越小,反映出水资源系统内部结构越稳定、水文循环体系持续性越好,物种越丰富多样,整个水资源系统情况越好;相反,水资源脆弱性越大,水资源系统内部结构越不稳定,水文循环体系持续性越差,物种资源越少,整个水资源系统情况越差。

水资源是一个复杂的系统,受内、外干扰因素的作用,某一部分(系统)可能会崩溃。子系统脆弱性的关联影响带来的结果会直接或间接地影响其他部分(系统),从而引发连锁反应,给系统带来突发的、沉重的打击,甚至导致系统的崩溃,进而给经济、社会、生态带来严重的毁坏。此时,可通过水资源系统脆弱性来呈现该系统的综合表现,展现自然属性和人类活动共同作用的结果。

政府间气候变化专门委员会对水资源脆弱性的定义更为全面,评价相对更易于用定量指标来指示:水资源脆弱性指气候变化包括人类活动对水资源系统造成的不利影响程度,它表征为水资源系统对扰动的灾害、暴露度、敏感性及应对扰动的抗压性能力的组合,并且是水资源系统适应能力的函数。从本质上讲,水资源脆弱性是指水资源受气候变化、人类活动等因素影响的程度。

就气候变化影响角度而言,水资源脆弱性对水资源安全的影响是全球性问题,也是我国可持续发展面临的重大战略问题。全球气候变化对水资源的影响可能主要表现在以下三个方面:①加速水汽的循环,改变降雨的强度和历时,变更径流的大小与分配,提高洪灾、旱灾的强度与频率,以及诱发其他自然灾害等。②对水资源有关项目规划与管理的影响。这包括降雨和径流的变化,以及由此产生的海平面上升、土地利用、人口迁移、水资源的供求和水力发电变化等。③加速水分蒸发,改变土壤水分的含量及其渗透速率,由此影响农业、森林、草地、湿地等生态系统的稳定性及其生产量等。上述气候变化对水资源的影响不仅包括对水资源系统自身的影响,也包含由水资源系统自身变化引起的社会、经济、资源与环境的变化。鉴于此,唐国平等认为,水资源脆弱性是水资源系统在气候变化、人为活动等的作用下,水资源系统的结构发生改变、水资源的数量减少和质量降低,以及由此引发的水资源供给、需求、管理的变化和旱、涝等自然灾害的发生。

IPCC 发布的第五次评估报告第一工作组报告认为,采用全球耦合模式比较计划第五阶段(CMIP5)的模式,预估未来全球气候变暖仍将持续。21 世纪末,全球平均地表温度在 1986—2005 年的基础上将升高 0.3—4.8 ℃。有证据表明,1961—2010 年,中国的气候发生了显著变化,全国平均温度升高,年降水量在东北和华北呈减少趋势,而在华南和西北则显著增加。气候变化将改变水资源的空间格局,导致可利用或可供给水资源量的变化,还将影响社会经济发展对水资源需求及耗水量的变化,从而影响区域经济社会发展中水资源供需格局。

我国地理环境分异性大,水资源对气候变化十分敏感。据水利部统计,1980—2000 年水文系列与 1956 —1979 年水文系列相比,分布于北方的黄河、淮河、海河和辽河 4 个流域降水量平均减少 6%,水资源总量减少 25%。其中,地表水资源量减少 17%,海河流域地表水资源量减少 41%。由此可见,我国南多北少的水资源格局正在进一步加剧。在流域尺度,水资源脆弱性研究是水资源研究领域的重要前沿课题,水资源脆弱性评价可量化水资源脆弱性的程度,客观反映流域的水安全状况,是水资源规划管理和适应性管理对策的基础。流域水资源的脆弱性是由洪涝灾害、干旱灾害、水资源短缺、水质污染等多方面因素引起的。水资源面临的脆弱性问题具有典型的流域和区域特点,在时间尺度上具有季节性特征。如松花江、辽河和海河等北方江河多是由水资源短缺与水质污染等引起的脆弱性,而长江流域与东南诸河等南方江河流域多是由洪涝灾害等引起的脆弱性。

水资源脆弱性的本质包含水资源自身对外界变化的反应与适应性,也可以认为水资源的脆弱性是一个可变动的相对数值,是一个随时都会改变的数值。人类做出一系列积极的适应性行为,可以降低水资源系统脆弱性,减少水资源脆弱性对人类社会发展的干扰。

3.1.2 研究进展概述

水资源脆弱性研究最早开始于20世纪60年代,法国学者Albineth和Margat针对地下水资源领域,提出了地下水脆弱性的概念。1982年,Hashimoto等给出了水资源系统可靠性、恢复能力、脆弱性的定义和数学表达式。到20世纪90年代,地表水资源的脆弱性和水资源系统的脆弱性逐渐成为研究热点。1987年,美国环保署提出了评价地下水脆弱性的分级标准。1996年,IPCC将气候变化与水资源脆弱性相关联。1999年,Doerfliger等利用GIS和EPIK技术评价岩溶地区的水资源脆弱性。2008年,IPCC指出要加快研究水资源在气候变化影响下的适应性对策。

我国在脆弱性领域的研究则起步于20世纪90年代。截至2022年12月底,正式发表的与水资源脆弱性相关的中文文献有1264篇。金菊良团队通过对水资源利用系统脆弱性形成过程进行分析,从水资源自然禀赋、水资源开发利用程度和用水效率等方面,构建了符合过程机理的水资源利用系统脆弱性模型;夏军等研究了气候变化对我国东部季风区水资源脆弱性的影响和海河流域水资源脆弱性及其适应性调控;李昌彦等以鄱阳湖流域为对象,研究了气候变化下水资源适应性系统的脆弱性评价;陈岩等也对海河流域的水资源脆弱性进行了评价,并对其流域关键脆弱性进行了辨识。

在水资源脆弱性的研究方法中,应用较多的主要有主成分分析法、BP神经网络法、层次分析法和物元分析法等。例如,王莺等利用主成分分析法建立我国南方的干旱脆弱性评价模型,并得到了不同省市的水资源、经济和社会等5个子系统的脆弱性排名;崔东文基于BP神经网络模型评价云南文山水资源不同规划水平年的脆弱性;张明月等利用层次分析法研究了疏勒河昌马灌区2008年的水资源脆弱性。上述研究方法各有其特点,例如,主成分分析法可以消除指标之间的相关影响,彼此独立;BP神经网络法对内部机制复杂的问题有很好的映射能力;层次分析法能将研究对象视为一个系统并将其分解为不同层次,模糊量化得到最优方案。但这些方法多是从确定性角度进行水资源脆弱性的分析,而水资源本身具有很大的不确定性(模糊性、随机性、混沌等),又或者因只考虑系统内部的不确定性,而忽略了研究方法、数据资料,甚至是系统之间的不确定性。

3.2 主要类型与影响因素

3.2.1 主要类型

按水资源脆弱性内涵特征的主要表现方式,可将水资源脆弱性分为三种类型:①水文系统的脆弱性;②水利系统及其设计的脆弱性;③自然地理环境和社会的脆弱性。各脆弱性类型及其主要参数见表3.2-1。

表3.2-1　水资源脆弱性类型及其主要参数

类型	指标	主要参数
水文系统的脆弱性	径流量	年值、月值和日值
	径流总量	绝对径流总量
		季节性径流总量
水利系统及其设计的脆弱性	物理设计	水库库容、最大流量、最大下泄速度
	具体动作	定时流量、定时需求量
	法规建设	水资源权限的归属和转变方案
	经济	水资源价格、储存和运输费用
自然地理环境和社会的脆弱性	水资源的需求	需求的水平和时间
	洪水	洪峰流量、防洪库容
	水资源质量	最小流量、水资源的使用模式
	干旱农业	降雨过程、蒸发蒸腾速率、土壤水分含量
	水力发电	径流的季节差异、水库的蓄水量

根据表3.2-1,可以发现水文系统的脆弱性主要表现在一些主要的水文参数上,如不同时间尺度的径流量和绝对径流总量等。这些参数是使得某些区域的

水资源系统对气候变化响应极其敏感的关键因子,并影响区域各项重大决策的制定。如果考虑不当,会引发严重的负面环境问题,如跨流域的水资源调配工程的实施,利弊兼具。水资源脆弱性也体现在水利系统的法规、政策制定与实施情况及其设计的敏感变化上,如水资源权限所属的变更、水资源价格的调整等。除此之外,自然地理环境和社会的一些变化,如水环境问题、农业灌溉等,也会在一定程度上体现出水资源对气候等变化适应的敏感性。

3.2.2 影响因素

根据水资源脆弱性的变化产生的原因,可将影响水资源脆弱性的因素分为以下三类:

1. 自然脆弱性

非人为的、不是外界系统的、属于水资源内部系统的因素,影响水资源系统的运作,如水量、水质、水文循环等方面能否满足各种需求主体的要求,这是水资源脆弱性的静态表现。表征指标有降水量、水质参数和土壤参数等。

2. 人为脆弱性

人为行动、生产、生活等社会用水行为,干扰水资源的水文循环结构,从而改变水资源的脆弱性。这种干扰一般都是动态干扰,表现行为、表现方式、干扰强度都在时时刻刻发生着变化。具有代表性的表征指标有引水、蓄水等水利工程,退耕还林等人类活动行为。

3. 承载力脆弱性

外界系统对水资源的影响,包含自然系统,以及人类活动和各种负荷。这种干扰或者破坏使得水资源系统自身产生反应。表征指标有人口规模、区域经济、农业和工业方面废污水造成的过度污染等。

3.3 水资源脆弱性研究方法

3.3.1 水资源脆弱性评估原则

事实上,水资源脆弱性主要表现在各脆弱性类型参数的变化上。因此,建立具体评估的量化指标,用这些指标来反映水资源的脆弱性,如洪灾、旱灾、地下水枯竭等,显得十分必要。但是,这些特定的量化指标都需要针对具体的水资源使用对象,脱离特定的水资源就会失去意义。

总体而言,评估方法的选择标准可参考以下几个方面:

①科学性,即建立研究体系要以科学为准,可以真实、客观地反映出特定情况下的水资源脆弱性。

②可操作性,即确保评估方法在数据充足或缺乏的情况下都能使用;选取的研究指标应该方便计算,操作起来比较简单,不烦琐。

③可靠性,即保证模型模拟的结果比较真实可靠,能够较好地反映实际情况。

④综合性,即构建的水资源脆弱性研究体系要尽可能全面、客观、真实地反映水资源脆弱性的各方面因素,评估方法在时间和资源的限制条件下能对水资源系统进行综合性分析。

⑤通用性,即评估方法具有可复制性,能应用于其他区域的类似研究中。

3.3.2 水资源脆弱性评价典型方法

目前脆弱性评价方法主要有两种:一是定性评价方法,在脆弱性研究初期使用较多,操作简单,但评价精度较低;另一种是定量评价方法,包括指标评价法和脆弱性函数模型评价法等。

3.3.2.1 定性评价方法

定性评价方法,是利用历史数据和实地考察数据分析系统脆弱性状况,采用归纳与演绎等方法,从历史演变、现实状况和未来发展等方面对系统进行非定量的描述、刻画和预测。定性研究水资源脆弱性的研究点是水资源脆弱性的概念,研究面是水资源的影响驱动因素与降低水资源脆弱性的方法。

1.归纳分析法

归纳分析法是以一系列与水资源发生发展相关的经验事物或者知识为依据,寻找水资源系统服从的基本规律,并假设类似事物也服从相同规律的思维方法。水资源脆弱性评价常基于历史统计数据和实地考察数据,寻找水资源脆弱性发展规律,进而分析和预测脆弱性发展趋势。

2.比较分析法

比较分析法也称对比分析法,是将两个相互联系的指标数据进行比较,从而由一种指标数据规律和本质推算出另一种指标数据的规律和趋势。譬如,横向比较某一区域的水资源脆弱性,纵向比较研究区不同历史时期的水资源脆弱性。

3.3.2.2 定量评价方法

定量研究水资源脆弱性的研究点是数学模型计算,研究面是分析影响驱动因素与脆弱性的关系,以及降低水资源脆弱性的途径。水资源脆弱性评价的目的是探究引起水资源脆弱性的驱动因素和演化机理,评价水资源系统的发展状态,维护水资源系统的可持续发展,以此采取针对性措施缓解外界压力对水资源系统的胁迫。事实上,很多脆弱性定量评价方法已被提出并得到应用。应用较多的相关方法归纳总结见表3.3-1。

表3.3-1　水资源脆弱性定量评价方法

方法名称	方法思路	优点	缺点	须解决的关键问题
指标评价法	分析研究区结构和功能、选择评价指标、评价指标赋权重、计算脆弱性和划分脆弱性等级	通俗易懂,操作简单,适用于多种系统的脆弱性评估	指标赋权重主观性强,忽略指标内在关系,难以验证脆弱性评价结果	指标的选取和指标权重的确定
脆弱性函数模型评价法	基于对脆弱性要素的理解,对系统结构和功能进行分析,运用函数模型评估脆弱性要素之间的关系	较准确地表达了脆弱性要素之间的关系,突出脆弱性产生的内在机制和特性等	脆弱性概念和评价体系不完善,对要素的相互关系没有统一的认识	对脆弱性要素有明确、统一的认识,建立合理的函数模型
模糊物元评价法	首先设定一个参照系统(要求参照系统脆弱性最高或者最低),然后计算研究区域与参照系统的相似程度,从而确定研究区域的相对脆弱程度	不考虑变量的相关关系,充分利用原始变量的信息	参照系统选取主观性强,评价结果只能反映相对大小	设定合理的参照系统
时间序列法	分析随机过程中时间序列的平稳性,如周期性、长期趋势和季节变动	操作简单,规律性强	预测过程可能被未知因素影响,导致预测产生偏差	短期脆弱性评价与预测

1.指标评价法

指标评价法主要通过分析研究区的结构和功能,结合研究目标选择评价指标,并对评价指标赋权重,从而计算得到脆弱性结果和实现脆弱性等级划分。其基本思路与DPSIR概念模型较为接近。具体可参见2.2.3.4节,此处不再赘述。

2.函数法

函数法指通过运用各类型函数模型评估脆弱性要素、系统内在结构和功能之间的关系。例如,夏军等通过建立水资源脆弱性与敏感性和适应性的函数表达式,分析流域或区域的水资源脆弱性;采用径流对降水、气温的双参数弹性系数法,分析敏感性;用与空间尺度无关的指标,即水资源开发利用率、I_F指数(Falkenmark index,即每百万立方米水承载人口数)、人均用水量,来构建适应性的函数表达式。

水资源脆弱性用敏感性和适应性的函数来描述,其表达式为:

$$V = \frac{S}{C} \tag{公式3.3-1}$$

其中,

$$S = 1 - \exp\left(-\left|e_{\Delta p,\ \Delta T}\right|\right) \tag{公式3.3-2}$$

$$C = \exp\left(-rk - I_F \frac{W}{P}\right) \tag{公式3.3-3}$$

$$I_F = \frac{P}{Q} \tag{公式3.3-4}$$

在公式3.3-1至公式3.3-4中,V为水资源脆弱性;

S为水资源系统对气候变化的敏感性;

C为水资源系统对社会经济的适应性;

$e_{\Delta p,\ \Delta T}$为径流对降水、气温的双参数弹性系数;

r为计算区域的地表水资源开发利用率,由当地地表水供水量与当地地表水资源量之比得到;

Q为水资源可利用水量,单位万 m^3;

k为尺度因子,是常数;

P为人口数量,单位万人;

W为用水量,单位万 m^3。

3.4 小结

脆弱性,在自然灾害学、环境学、生态学等不同研究领域都被提及,虽然研究领域不同,研究对象也不同,但研究的都是脆弱性这一概念的应用。其共同点表现在:第一,在某个特定的系统中,外界(社会、经济、气候、技术水平等)干扰使得系统发生变化;第二,发生干扰、破坏后,特定系统没有能力恢复到最开始的状态,或者恢复到最开始的状态的可能性极小;第三,在这个特定系统发生干扰与破坏后,对外界(社会、经济、气候、技术水平等)有着不同程度的影响,且基本是负面影响。水资源脆弱性能反映人类活动对水资源系统造成的不利影响程度,能反映水资源系统应对扰动的能力。水资源脆弱性研究从20世纪60年代开始,现已形成相对完整的研究体系。

本章基于水资源脆弱性内涵阐述,总结了主要评价方法和研究进展。水资源数量,水资源质量,水资源稀缺情况,水资源净化污染的能力,开发利用水资源的程度,排污及污水处理情况,等等,都是影响水资源脆弱性的因素。无论是对水资源脆弱性的定性评价还是定量评价,其目的都是给水资源系统的可持续发展提供基础支撑。

第4章 | 水资源可持续发展

保障水这一战略性资源的可持续发展,是维持社会可持续进步,人与自然和谐发展,生态环境持续向好,人居环境质量不断改善,涉水灾害得到有效调控,生活水平不断提高的基础性条件。

我国目前的水资源状况与我国经济社会的可持续发展不相匹配,主要体现在我国人均水资源量偏少。实施水资源可持续发展战略,是解决缺水和水污染问题的重要举措。因此,2012年2月,《国务院关于实行最严格水资源管理制度的意见》发布。

4.1 水资源可持续发展背景

4.1.1 可持续发展研究背景

可持续发展是在全球面临着经济、社会及环境三大问题的情况下,人类基于对自身的生产与生活行为的反思以及对现实与未来忧患的觉醒而提出的全新的人类发展观。它的产生有着深刻的历史背景和迫切的现实需要。人口急剧增长,导致人口与经济、人口与资源的矛盾日益突出。人类为了满足自身的需求,在缺乏对资源环境与人类发展的正确评估和实施有效保护措施的情况下,无节制地开采和使用自然资源,使大量不可再生资源耗竭,导致生态环境恶化,威胁了人类的生存和发展。面对人口、资源和环境等人类发展历史上前所未有的世界性问题,谋求人与自然和谐相处及协调发展的新发展模式成为当务之急,可持续发展思想的形成有其必然性。

可持续发展理论的形成经历了相当长的历史过程。20世纪五六十年代,人们在经济增长、城市化、人口和资源等所形成的环境压力下,开始对经济发展的模式进行反思。1962 年,美国海洋生物学家卡逊的著作《寂静的春天》出版。作者把农药污染的危害展示在世人面前,惊呼"人们将会失去春光明媚的春天",在世界范围内引发了人类对于发展模式的思考。10 年后,英国经济学家沃德和美国微生物学家杜博斯的《只有一个地球》问世。这本书从整个地球的发展前景出发,从社会、经济和政治等不同角度,评述经济发展和环境污染对不同国家产生的影响,呼吁各国人民重视维护人类赖以生存的地球,把人类对生存与环境的认识推向一个新境界。同年,罗马俱乐部发表了著名的研究报告《增长的极限》,明确提出"持续增长"和"合理的持久的均衡发展"的概念。1987 年,世界环境与发展委员会发表了一份报告《我们共同的未来》,正式提出可持续发展概念,并以此为主题对人类共同关心的环境与发展问题进行了全面论述,受到世界各国重视。这是一份奠定可持续发展思想基础的报告。1992 年 6 月,在巴西里约热内卢举行的联合国环境与发展大会上通过了《里约环境与发展宣言》《21 世纪议程》等文件和条约。这标志着可持续发展思想被世界上大多数国家和组织承认并接受,可持续发展从理论开始付诸实施。执行《21 世纪议程》,不但促使各个国家走上可持续发展的道路,还将是各国加强国际合作,促进经济发展和保护全球环境的新开端。

1994 年 3 月,我国颁布了《中国 21 世纪议程——中国 21 世纪人口、环境与发展白皮书》(以下简称《中国 21 世纪议程》),作为指导我国国民经济和社会发展的纲领性文件,开始实施可持续发展战略。在《中国 21 世纪议程》中,我国将可持续发展战略目标确立为"建立可持续发展的经济体系、社会体系和保持与之相适应的可持续利用的资源和环境基础"。

总之,可持续发展理论是在资源环境问题日益严重的背景下产生的。其目的是人类社会与资源环境和谐发展。

4.1.2 水资源可持续发展研究背景

水资源是经济社会发展的重要支撑和保障。要想解决水资源问题,保证水资源对经济社会发展的支撑作用,必须把水资源可持续发展的研究提上日程。自可持续发展成为人类共同的目标,诸多学者对水资源可持续发展进行了深入研究,尤其在水资源可持续发展实践方面,积攒了大量宝贵经验,有利于解决水资源可持续发展过程中出现的问题。大力促进水资源在配置、节约、利用和保护等方面的可持续发展,对促进社会经济高质量发展有着深远的意义。

4.2 水资源可持续发展内涵

4.2.1 可持续发展内涵

可持续发展强调三个基本主题:代际公平、区际公平以及社会经济发展与人口、资源和环境间的协调性。在可持续发展理论的指导下,资源的可持续利用、人与环境的协调发展取代了以前片面追求经济增长的发展观念。可持续发展是一种关于自然界和人类社会发展的哲学观,可作为水资源承载能力研究的指导思想和理论基础,而水资源承载能力研究则是可持续发展理论在水资源管理领域的具体体现和应用。

可持续发展是一个包含经济学、生态学、人口科学、资源科学、人文科学和系统科学在内的边缘性科学,不同的研究者从不同的角度形成不同的定义。这些定义虽然从不同角度对可持续发展的概念与内涵做了进一步补充与扩展,但本质上基本一致,都趋同于世界环境与发展委员会在《我们共同的未来》报告中诠释的可持续发展的定义。这一定义既体现了可持续发展的根本思想,又消除了不同学科间的分歧,故得到了广泛的认同。

整体上,可持续发展的内涵包括以下几个方面:

第一,可持续发展要以保护自然资源和生态环境为基础,与资源及环境的承载力相协调。可持续发展认为发展与环境是一个有机整体。可持续发展把环境保护作为最基本的追求目标之一,也是衡量发展质量、发展水平和发展程度的客观标准之一。

第二,经济发展是实现可持续的条件。可持续发展鼓励经济增长,但在实现经济增长的方式上,要求放弃传统的高消耗—高污染—高增长的粗放型方式,应追求经济增长的质量,提高经济效益。同时,要实施清洁生产,尽可能地减少对环境的污染。

第三,可持续发展要以改善和提高人类生活质量为目标,与社会进步相适应。世界各国的国情和资源分布特征不同,因此各自的发展阶段与目标也不同,但发展内涵均应包括改善人类的生活质量。

第四,可持续发展承认并要求体现出环境资源的价值。环境资源的价值不仅表现在环境对经济系统的支撑,而且还体现在环境对生命支撑系统不可缺少的存在价值上。

可持续发展有两大特征:一是持续发展,强调各代人之间的机会平等;二是符合生态系统的要求,强调人与自然的和谐相处。

要实现可持续发展战略,必须满足以下基本原则:

第一,公平原则。所谓公平就是各代人之间的发展机会是平等的。可持续发展战略必须保证代与代之间的公平,以及同代人之间的公平。

第二,持续原则。所谓持续就是发展过程中,生态系统不能被破坏,人类活动对生态系统的影响不能超过其自我修复能力。

第三,共同原则。由于全球发展的差异极大,可持续发展的目标、措施和具体步骤不可能是统一的,但总的目标不能被改变,必须是协调统一的。

4.2.2 水资源可持续发展内涵

水资源虽是可再生资源,但时空分布不均匀,变化具有不确定性,又容易受到污染。因此,水资源可持续发展可定义为:既能满足当代经济社会发展需求,又能保证子孙后代发展经济社会需求的水资源开发利用。一般而言,其侧重点在于对水资源的可持续利用。如前所述,可持续发展的观点起于20世纪80年代,是在寻求解决环境与发展矛盾的出路中提出的,并被扩展延伸到可再生自然资源领域的可持续利用上。其基本思路是在自然资源的开发过程中,应注意因开发导致的不利于环境的副作用和预期取得的社会效益相平衡。在水资源的开发与利用领域,想要保持这种平衡,就要遵守供饮用的水源和土地生产力得到保护的原则,保护生物多样性不受干扰或生态系统平衡发展的原则,对可更新的淡水资源不可过量开发使用和污染的原则。

水资源可持续发展的内涵机理,可以概括为以下几点:

1.遵循水资源可持续循环的自然规律

相比于其他不可再生能源,水资源具有的最独特的优越性是可以通过太阳能的作用实现状态转换和再生利用。通过不同尺度的循环转换,陆地上的水不断得到更新和补充,从而使维持一切生命活动的水源不断更新。在经济社会的快速发展过程中,人类活动对水资源自然循环的过程产生了显著的干扰,如改变水资源自身的循环尺度、循环时间和循环方式。当这些变化累积到一定程度,超过水资源维持其自身规律的范围时,就可能会产生一系列的负面作用。如洪水发生时,洪峰流量峰值加大,地面径流汇集到河道的时间缩短,形成峰高时短的大洪水,这种变化可能产生较以往洪水更剧烈的破坏力量。

2. 尊重水量守恒的自然事实

水量守恒原理就是水资源可以通过一系列形态的转变,达到一种自然平衡的状态。在水的循环运动过程中,受外界环境影响,一定量的水会变换形态和存在空间,但整体的水量处于一个平衡状态。在进行水资源开发和利用的过程中,人们要充分认识到水量守恒原理是水资源得以持续利用的基础。人们一定要遵循自然规律,通过科学可行的方式实现水资源的持续利用。

3. 接受水环境容量有限的客观现实

水环境容量是指在不影响某一水体正常使用的前提下,满足社会经济可持续发展和保持水生态系统健康的基础上,参照人类环境目标要求,某一水域所能容纳的某种污染物的最大负荷量或保持水体生态系统平衡的综合能力;特指在满足水环境质量的要求下,水体容纳污染物的最大负荷量,因此,亦称水体负荷量或纳污能力,包括稀释容量和自净容量。其价值体现在对排入污染物的缓冲作用上,即容纳一定量的污染物,不破坏人类生产、生活和生态系统。由于受到各区域的水文、地理、气象条件等因素的影响,不同水域对污染物的物理、化学和生物净化能力存在明显的差异,导致水环境容量具有明显的地域性特征。水域的环境容量是有限的可再生自然资源,一旦污染负荷超过水环境容量,其恢复将十分缓慢与艰难,且污染后的水体无法进行健康的使用,导致水资源不可被持续利用。

4.3 水资源可持续利用管理

4.3.1 水资源与社会可持续发展

水资源可持续利用不仅要考虑当代人的发展,而且要将后代的生存需求纳入考虑的范畴。从长远考虑,必须合理地认识与处理水资源与人口、经济及环境之间的关系。

4.3.1.1 水资源与人口的关系

根据"国际人口行动"提供的资料,从1940年到1990年,全球人口从23亿增长到53亿,数量增长了30亿;但是,联合国人口基金发布的《2021世界人口状况》全球报告显示,从1990年到2021年12月底,全球230个国家人口总数已达76亿人。近几十年来,人均用水量从400 m³/a增加到800 m³/a,增加了一倍,全球用水总量的增长则超过4倍。虽然世界各国的用水量相差悬殊,但从全球范围看,全世界的用水总量和人口的增长有十分密切的关系。根据国内外统计资料,人口与用水量之间呈现出很强的正相关关系,供水与人口(特别是供水年增长率与人口年增长率)有着密切的线性关系,人口增加意味着需水量的增加,而一个区域的水资源最大供给量在一定阶段相对稳定,这样势必会加大水资源的供需矛盾。因此,从人口的增长和人均占有水资源量的变化可以大致看出未来对水资源需求的趋势。

人类生产力在不断提高,人口数量也处于增长阶段。进入21世纪以来,"世界十大环境问题"日益成为每个人都无法回避的危机。此外,人口的增加也意味着污水排放的增加。一方面,根据估算,在目前生活水平条件下,每人每日平均排放的COD(化学需氧量)、BOD(生化需氧量)、氨氮及总磷分别为50 g、25 g、2.5 g及0.5 g。随着生活水平的提高,人均单位污染物排放量还会有所增加。另一方面,在单位污染物排放量保持不变的情况下,人口总数的增加也会增加污染物排放总量。由此,人口的增加整体上会加重水体污染负荷含量,可能引起更为明显的污染情况,导致可供使用的清洁水资源量减少,从而加剧水资源的供需矛盾。

联合国环境规划署组织编写的《全球环境展望(四)》指出,污染的水源是人类致病、致死的直接原因之一。世界卫生组织调查表明,全世界80%的疾病和50%的儿童死亡都与饮用水水质不良有关。由于水质污染,全世界每年有5000万儿童死亡、3500万人患心血管病、7000万人患结石病、9000万人患肝炎、3000万人死于肝癌和胃癌。

在生活水平不断提高,物质需求不断增长,经济社会不断发展的前提下,需要考虑更优的水资源开发利用方式,更有效的节约用水技术,更佳的污水处理效果,才能保障可利用的、水质达标的水资源能支撑更多的人口。

4.3.1.2 水资源与经济的关系

水资源是利用最广泛的自然资源,对于绝大多数经济活动,水是最重要的投入要素之一。水资源与经济的关系密不可分,充足的水资源有利于经济快速增长,反之则会限制经济发展。

随着经济的飞速发展,人类的生产生活活动范围不断扩大,对水资源的需求也不断增加,水资源短缺问题日益凸显。因此,在有限的水资源和人类发展的矛盾中,需要重点处理好一定范围内水资源与经济发展的关系。

经济发展需要水资源的支撑。在经济发展水平相对不高的情况下,经济发展与水资源需求往往呈正相关,即经济体量越大,则相应的水资源需求量也越大。然而,受限于水资源的有限性,当用水需求接近或突破区域的可供水量时,各用水行业及用水单位则存在用水竞争,这会倒逼经济发展向节约用水、高效用水转变。因此,在经济发展水平较高的情况下,经济发展与水资源需求的相关性将发生改变,即经济发展的同时,用水总量并不会显著增加,甚至会降低。

总之,水资源开发利用效率和经济水平在低发展阶段虽然呈现正的强相关,但一个区域的水资源消耗总量不仅与经济水平有关,还与水资源人均占有量和开发利用程度、节水水平等有着极其密切的关系。当经济发展到某一水平时,水资源开发利用与经济发展直接的相关性会在技术条件和人为干扰下呈现新的支撑关系。

4.3.1.3 水资源与环境的关系

水资源与环境的关系一方面表现在排放的污水对环境造成的污染,直接体现为水环境的恶化,造成水质型缺水,加剧了水资源的危机;另一方面还表现在因水资源量的缺乏和水质的破坏而造成的严重的生态负效应,除了农业用水、工业用水、城市生活用水等重要基础项目外,生态用水也成了不可忽略的用水项目。

从广义上来讲,生态用水是指为了维持全球生态系统水分平衡所需的水,包括水热平衡、生物平衡、水沙平衡、水盐平衡等方面。生态用水的缺乏可造成一系列的负面效应:地下水开采难度加大,超采地区的地下水位下降加剧,地面沉降加速,如地下水超采造成河道堤防下沉;影响地下水的水质,如地下水位的下降改变了原有的地下水循环,减少了补给,使含水层得不到新鲜水的补给,导致水质下降;受污染未经处理的水被用来灌溉,污染农作物,影响人体健康;河道生态流量被挤占,导致河床干枯,季节性甚至常年无水,一些湖泊湿地萎缩甚至干涸,入海径流减少,使原来的水环境和水生生态系统发生了较大变化,向恶化的方向发展,如有的地方因为干旱缺水出现了干化和沙化,沙漠化加剧和沙尘暴频频发生。

国际上许多水资源和环境专家认为,考虑生态与环境保护和生物多样性的因素,一个国家的水资源开发利用率达到30%及以上时,人类与自然的和谐关系将会遭到破坏。所以在高强度开发利用水资源时,一定要格外谨慎。

在社会可持续发展的历史背景下,必然延伸出人类社会构成因素的可持续发展问题,诸如土地资源可持续发展、矿产资源可持续发展、海洋资源可持续发展、森林资源可持续发展、水资源可持续发展等。社会可持续发展脱离不开这些资源的可持续发展,也就是说没有这些资源的可持续发展,社会可持续发展是不可能的。水资源的可持续利用是水资源在可持续发展理论的要求下,既要满足当代人对水资源的需求,又不对后代构成危害。它是社会可持续发展理论在水资源领域的具体应用,是社会可持续发展的细化,也是社会可持续发展的重要组成部分,没有水资源可持续发展就没有社会可持续发展。因此,水资源的可持续利用与社会可持续发展是局部与整体的关系。

4.3.2 水资源管理研究

4.3.2.1 水资源管理意义

水是基础性的自然资源和战略性的经济资源,是生态与环境的重要控制性要素,对维系和促进人类经济社会可持续发展具有不可替代的作用。认识到水在可持续发展中的重要性,2015年联合国大会通过了《变革我们的世界:2030年可持续发展议程》,其中目标6为:为所有人提供水和环境卫生并对其进行可持续管理。在目标6中,提出了包括保障饮用水、享有环境卫生、进行水资源综合管理等6个具体目标。当前,许多国家针对自己的水资源情势和水资源环境问题,已采用不同的方式和手段来落实可持续发展议程的目标。水资源综合管理不仅涉及目标6,也关系"在全世界消除一切形式的贫困""消除饥饿,实现粮食安全,改善营养状况和促进可持续农业"等可持续发展目标的实现。一些国际组织结合解决水问题和提高水安全保障程度,积极推进水资源管理的理论总结和推广实施。

近年来,国内行政管理部门高度重视水资源管理工作,在制定和实施水资源管理相关的法律、政策等方面,已融入了水资源综合管理的一些理念,如《中华人民共和国水法》第四条规定:开发、利用、节约、保护水资源和防治水害,应当全面规划、统筹兼顾、标本兼治、综合利用、讲求效益,发挥水资源的多种功能,协调好生活、生产经营和生态环境用水。自1998年我国提出建设节水型社会,2012年颁布实施最严格水资源管理制度,2015年实施水污染防治行动计划,2016年全面推行河长制,等等,各级行政职能部门的水资源管理能力和水平得到有效提高,为国内经济社会和谐健康发展提供了有力保障。与此同时,中国水旱灾害频发、水资源短缺、水污染严重、水生态损害等新老问题仍交织并存。在全球气候变化不确定性加剧、世界范围经济共同体更加复杂的背景下,水资源管理所面临的正负问题将更加复杂。破解中国水问题、保障水资源安全,需要充分借鉴国际上水资源综合管理经验,结合地方实际,完善水管理体制机制,推行适宜高效的管理手段,进一步提高水资源管理水平。

4.3.2.2 水资源综合管理理念的形成过程

鉴于水资源对人的生存和经济社会发展的重要性,大多数国家主要由公共权力部门负责对水资源进行管理。水资源综合管理主要是针对传统的水资源管理方式不断演化而来的,现已成为国际社会普遍接受的理念。人们普遍认为,传统的分散式水资源管理已不能在满足水资源持续利用需要的同时保障经济社会可持续发展,其弊端主要体现在以下几方面:

1.分散化管理不匹配流域整体布局

通常情况下,水资源分散化管理是基于一定范围的行政区域或一定的用水功能所实施的管理模式。尽管该模式在以往的水资源开发利用中发挥了重要作用,但随着对水资源整体性需求的强化,许多国家的分散化管理模式正在面临越来越多的问题。政府常用的组织模式是每类用水由一个独立的部门机构管理,每个机构负责其自身的运行,独立于其他机构,例如灌溉、市政供水、水电、水运。另外,水量和水质、水与健康和环境、地表水与地下水等通常也是分部门管理。在跨行政区的流域内,地方政府在开发其辖区内的水资源时,不会考虑对其他地区的影响。

2.政府机构管理机制不合理

许多国家过度依赖命令和控制性措施对水资源进行开发和管理,过度依赖政府机构开发、运行、维护和管理水系统。而政府有限的实施能力,导致不能提供可靠的工程服务,并使得水资源配置和服务低效运行。长期以来,世界范围内都较为普遍的情况是,实际执行的水价长期低于其经济价值。在用水供需双方出现矛盾时,许多国家倾向于扩大水资源供给,忽视水价和水需求管理。这样一是增加了水生生态系统的压力,二是水资源供给成本得不到补偿,三是导致水资源配置不合理。

3.对水环境、水生态和人体健康重视不够

一些国家对水环境和水污染控制的重视程度不够,导致供水水质较差,不能满足人们安全饮水需要。人们利用污染水源是导致许多人体健康问题的主要原因,较轻的状况如引起腹泻,较严重的则可能诱发癌变。水污染问题,除了对人体健康产生损害,还会给经济和环境造成损害。未经处理或处理不达标的工业废水的排放、农业生产中化肥农药的滥用乱用、土地开发利用不合理等,均会导致水资源质量退化。一些国家,尤其是发展中国家,缺少水污染控制的相关标准或有力执行现有法律法规的能力。许多水利工程项目实施后,对水质产生了负面影响,甚至引起了水生态系统的退化。流域上游地区大规模水资源的不合理开发,导致下游地区(如湿地)的生态系统退化,生态价值功能降低。在一些地区地下水超采严重,形成地下漏斗,导致地下水位下降,地层失稳诱发地面沉降,进而破坏地表基础设施。

如上所述,国际社会对传统水资源管理的不断反思表明,要适应新形势下人类社会的可持续发展,必须采取更加全面和协调的方法对水资源进行管理。对传统水资源管理经验的总结表明,当前的水资源管理,需要不断提高对综合管理的认识。基于此,水资源综合管理的理念自20世纪90年代初应运而生,并在1992年联合国环境与发展大会后,水资源综合管理理念和方法得到不断发展和推广。

4.3.2.3 水资源综合管理框架组成

随着对水资源管理"综合"作用的认识逐渐深入,水资源综合管理有许多不同的定义。目前,普遍接受的水资源综合管理的定义为:在不损害重要生态系统可持续性的条件下,以公平的方式促进水、土地及相关资源的协调开发和管理,以使经济和社会福利最大化。该定义由全球水伙伴在其技术委员会的技术论文中提出,并逐渐被联合国相关机构和学术界认同。

水资源综合管理意味着要对水资源的不同用途进行统筹考虑。水的配置和管理决策要考虑水的每一种用途对其他用途的影响,还要考虑社会和经济发展的总体目标、实现可持续发展的目标。此外,还意味着涉水各部门的相互协调,各部门须保证政策目标的一致性。水资源综合管理是一个系统过程,即一个在社会、经济和环境目标下,关于水资源利用的可持续开发、配置和监测的系统过程。这些"综合"特性与许多国家沿用的部门式管理方式形成了鲜明对比。

1992年,都柏林国际水与环境会议强调,水资源综合管理基于四个原则:水是有限的、脆弱的基础性资源;不同层级水资源的开发和管理,应该建立在包括用水户、规划者和政策制定者参与的基础上;妇女在水的供给、管理和保护方面发挥了重要作用;水在不同的竞争性应用中具有经济价值,应该作为经济商品。

水资源综合管理强调通过"综合",实现用水效率、社会公平、环境可持续的均衡。总结水资源管理的"综合"所涉及的内容,主要表现在以下几个方面:

1.水资源—经济社会—生态环境的综合

不仅强调水资源自身的系统性,注重水与其他相关资源的交互作用、水与其他资源的统筹管理,还把水作为自然、经济社会和生态系统的有机构成,审视水资源,把水资源的开发利用与经济社会发展、生态环境保护有机结合起来。

2.多目标统筹

根据水的多形态、多用途、多功能和多属性等特征,统筹地表水和地下水、水量和水质;统筹生活、生产、生态等竞争性用水;统筹防洪、灌溉、供水、发电以及生态等多种功能;统筹水的经济、社会和生态属性,追求经济效率、社会公平、生态可持续的综合效益最大化。

3.全过程管理

遵循水文循环的完整性,将水的储存、分配、净化、回收和污水处理等作为整个循环的一部分,充分认识各环节之间的关系,有针对性地进行管理控制,提高整体效能。

4.多种手段综合运用

主张综合运用指令、标准、水价、水费、税收等行政和经济手段,以及鼓励自主管理;强化科学技术支撑,倡导水文、经济、环境、社会等多学科结合,信息、评估、分配等多技术集成,解决复杂的水问题。

5.上游和下游相关利益的综合

水资源管理应从流域(或子流域)整体,综合考虑上游和下游利益相关者的矛盾冲突,包括上游水的消耗性损失将减少河流的流量,上游污染物的排放将使河流的水质恶化,上游土地利用的变化可能改变地下水的补给,等等。

6.参与和协调

确保各级用水户、规划者、政策制定者、社会团体和社区等利益相关者真正参与决策,包括水资源分配、规划、冲突解决等,实现自上而下和自下而上相结合;建立有效的协调机制,进行跨部门、跨行业、跨区域、流域上下游之间的协调和信息交流。

7.政府和市场两手并用

发挥好政府有形之手和市场无形之手的作用,政府从行政管理转向监管、协调以及公益性水服务提供,重点在于制定政策、规划、水分配、监测、执行规则以及解决争端,在完善的交易和竞争环境下,鼓励通过市场优化配置水资源。

不同国家和地区基于水资源条件,面临的水与社会经济问题,以及发展优先领域不同。尽管国家或流域水资源规划针对的目标或对象不同,但水资源综合管理提供了解决水资源问题的一种通用理念和途径框架,包括顶层准则、框架组成和实现的目的或愿景。

水资源综合管理的顶层准则包括经济效率、社会公平、环境和生态的可持续性。经济效率是指以尽可能高的用水效率战略性配置水资源。社会公平是指确保所有人都有公平获得人类生存所需要的足量的、高质的水和从水的利用中获得利益的基本权利。环境和生态的可持续性是指保护水资源的基础和相应的水生生态系统,对水资源的开发利用不损害后代,助力解决全球性的环境问题,如气候变化、能源和粮食安全。

按照顶层准则,水资源综合管理实施框架的组成主要包括三个方面:①实施的环境条件,包括国家政策、法律和规章的总体框架以及水资源管理利益共享者的信息,强调水资源立法和政策,创造良好的"游戏规则"。②实施的机构框架,包括中央、地方、流域等各级行政管理部门和利益共享者的体制作用和职能,强调体制对制定和实施水资源综合管理政策和计划的作用。③管理的具体措施，包括可促使决策者在各种行动方案中选择的有效管理、监督和强制实施的一系列措施，如水资源评价、模拟和决策支持系统、水资源综合管理规划、水管理效率、经济手段、增强水安全意识等。水资源综合管理的目的或愿景是实现经济社会、水资源、生态环境的均衡，服务于更大的可持续发展目标。

4.3.3 水资源可持续利用

4.3.3.1 基本概念

水资源可持续利用是指水资源开发利用必须从长远考虑，要求实施开发后，不仅效益显著，而且不至于引起不能接受的社会和环境问题。从用水量来讲，可持续利用是指从水库和其他水源引用的水不能多于、快于通过自然的水循环所能补充的数量和速度；从水质来讲，一定要满足用户的要求，不能低质高用，也不能以量代质，当然也尽量避免高质低用。当前，在全球范围内均不同程度地存在水资源可持续利用问题。为了合理利用和保护有限的水资源，使社会经济持续不断地发展，迫切需要对水资源加以综合开发和有效利用，制定、实施水资源可持续利用战略。

水资源可持续利用的基本内涵是在维持和保护生态环境的基础上，逐步提高水资源对社会经济发展的支持和承载能力。水资源可持续利用是保障社会经济可持续发展的物质基础，它强调水资源在代内、代际间配置的公平性，满足其共同需要。它以生态持续性为前提，保护水资源，防止水环境污染与破坏；以经济持续性为中心，提高水资源的利用效率和效益，增加收入；以社会持续性为目标，推动人类文明进步。

4.3.3.2 水资源可持续利用的原则

在开发利用水资源的过程中，应注意水在自然界的全部循环过程和因水的开发利用而对这个过程的干扰。同时，要清楚地认识到时间尺度在持续开发过程中是个非常关键的因素。因此，必须对当前的开发决策可能会造成的影响进行敏感性分析。要实现水资源的可持续利用，应遵循以下几个具体原则：

1.生物、工程措施一体化原则

在修建水利工程设施的同时，要在其周围和上游地区植树造林，充分发挥森林植被涵养水源、保持水土、调节地表径流等方面的特有功能与作用。这些措施的实施,一方面可增加水资源存量,另一方面可加强水利设施的安全保障。

2. 开源节流和科学用水原则

水资源短缺已成为全球性问题,面对日益严重的局面,应在积极开发新水源的同时推行节约用水,树立全民节水意识,提高水的利用率,建立一个节水型社会经济体系。就我国农业用水而言,长期存在灌溉工程配套不完善、管理措施不健全、传统灌溉用水观念仍占主导等问题。每年因用水效率低而产生的用水浪费现象依然普遍存在。对比发达国家的农业用水效率,我国在这方面具有巨大的节水潜力。我国工业体量大,工业节水在提高水的循环利用和重复利用率方面,也具有较大潜力。因此,可在拓展可利用水资源渠道的基础上,推广先进的科学技术和用水管理机制,双管齐下,推动全行业节约用水、科学用水。

3. 流域开发的整体性原则

水资源是一种多用性资源,又是一种共享性资源,同一流域各用户之间存在直接的利害关系。流域的水质和水量,对整个流域的开发利用形成了总的约束和限制。若缺乏统一的配置原则,往往会造成上游开发利用水资源所获得的收益,不足以补偿下游地区因此而造成的损失。

4. 遵循生态平衡原则

水资源的开发利用势必改变水资源的区位分布和水量的平衡,影响水源地的生态环境。因而,水资源的开发利用必须在其存量的阈值范围之内,以避免出现因超量开发而导致的天然水资源供水能力的破坏。同时,循环经济模式的提出,为实现可持续发展提供了有效途径。对水资源可持续利用来说,通过对用水过程的科学管理,推动"大量生产、大量消费、大量废弃"这一传统模式的根本变革,实现"谁污染,谁治理;谁开发,谁保护"。这种新模式以水资源的高效利用和循环利用为核心,以低消耗、低排放、高效率为基本特征,是遵循可持续发展理念的经济增长模式,符合循环经济的基本理念。

5. 建立资源成本核算原则

马克思主义政治经济学观点认为,空气、水等自然资源的形成过程不含人类劳动成果,不具有价值,不必计入经济成本,可以无偿占有,无偿使用。传统的国民经济指标也未反映经济增长导致的生态破坏、环境恶化和资源损耗代价。然而,水资源在一定时期、一定范围内是有限的,是人类生存环境的重要元素,既是生活资料,又是生产资料。因此,基于水资源的事实特征,应改变人们的传统观念,规范人们的行为,建立统一的评价目标,建立统一的资源成本核算体系,更新国民经济发展观念,在建设项目评估、经济增长统计中引入自然资源损耗、环境污染破坏等参量,即收入=国民经济净收入 + 自然资源增加量−自然资源损耗量−治理环境污染费用−尚未消除的环境损失成本。

6. 不超出区域水资源承载能力原则

水圈为人类生存环境中最活跃的部分,是一个不断发生变化、不断循环的动态系统。在太阳能的驱动下,海洋、陆地与大气圈三者间发生水分交换,使陆地上的水源不断得到更新和补充,起到能量输送、调节气候、维系人类生存环境的作用,实现水圈生态系统动态循环。但现阶段的人类社会活动已对水生态环境产生严重影响。人们对水资源过度消耗性使用,从河流、湖泊、地下含水层中过度抽取水资源,区域性的大型水利枢纽工程建设,等等,已极大地人为改变了河川径流量、陆地水体蒸腾与蒸发量,破坏了水资源系统循环,降低了水体自净能力,出现河川季节性干枯断流,河床与湖泊淤积而导致泄洪能力降低,严重破坏了人类生存环境。因此,区域性水资源承载能力研究是支持水资源可持续发展的基础。

7. 树立人口、资源、环境可持续发展理念

水是维持人类生产、生活和环境生态平衡的重要元素。通过对人口、资源、环境与发展进行系统分析,以人们生存、生产与发展对水资源的需求为基础,兼顾人类生存环境需求,对人口、资源、环境与发展的各项用水需求进行全面、系统的诊断,判别其中可能存在的问题,并提出解决问题的方案和策略,促进人口、资源、环境可持续发展。

人类的行为影响和改变了水循环的自然过程,是造成不健康水循环问题的根本原因。因此,必须建立科学的制度,规范和限制各种社会经济活动,保护和恢复水资源的自然循环过程。以可持续发展为目标的循环经济理念,为建立保护水资源自然循环的科学制度提出了新的理念和模式,成为通过制度创新促进水资源可持续利用的基础。

4.3.3.3 水资源可持续利用的特点[①]

水作为人类必需且不可替代的一种资源,是实现社会经济可持续发展的重要物质基础。水资源可持续利用就是在维持水的持续性和生态系统整体性的条件下,支持人口、资源、环境与经济协调发展和满足代内和代际人用水需要的全部过程。水资源可持续利用,既要保证水资源开发利用的连续性和持久性,又要使水资源的开发利用尽量满足社会与经济不断发展的需求,两者必须密切配合。没有水资源的可持续利用,就谈不上社会经济的持续发展;反之,如果社会经济的发展得不到水资源系统的支持,则会反作用于水资源系统,影响甚至破坏水资源开发利用的可持续性。

作为可持续发展中的一个重要子系统,水资源可持续利用具有如下特点:

1.区域性

区域是一个多层次的空间系统,既有等级差异,如地市级和县级,又有类型之别,如城市和乡村、平原和山地等。对于不同的区域来说,它们的水资源条件、水资源利用效率、水资源可持续利用压力和能力差别很大。每个区域必须探索适合自己特点的水资源可持续利用模式,而不能套用同一种模式。

2. 复杂性

水资源可持续利用是一个复杂的巨系统,涉及要素很多,要从整体观念出发,各方协作,才能实现。人类长期利用的水是在自然界通过全球水文循环可恢复、更新的淡水,水资源可持续开发利用应限制在其恢复、更新能力以内。因此,水资源可持续利用不仅涉及当地的水资源条件,还涉及当地水资源开发利用方式、废污水处理能力、社会经济条件等,只有将各方面都协调好,才有可能实现水资源可持续利用。

3. 相对性

水资源可持续利用是相对于传统发展模式而提出的一种新的发展模式,是否可持续只是相对而言,量化后的结果只是一种相对值,而不是绝对值。目前,各种评价水资源可持续利用水平的指标体系,只能表示水资源可持续利用的相对水平,而不是水资源可持续利用的绝对水平。

---

① 请参见丁琳.黑龙江省水资源可持续发展战略研究[M].北京:中国计量出版社,2011.

4.持续性

水资源可持续开发利用的持续性的基本含义是,水资源开发利用既满足当代人的需要,又不对满足后代人需要的能力构成危害,集中体现在生态持续性、经济持续性和社会持续性三个方面。这三个方面在水资源生态经济社会复合系统中相互联系、密不可分。水资源利用的生态持续性的基本含义是,对水资源的开发利用不能超越其生态环境系统更新能力,即不能超过水资源的承载能力,主要体现在水资源自然特性及其开发利用程度间的平衡关系上。其目的是寻求一种最佳的生态环境系统,使水资源能支持生态完整性和社会经济发展,确保人类生存环境得以持续。水资源利用的经济持续性,强调水资源的开发利用能保证社会经济良好发展,体现为在保持水资源质和量的前提下,经济发展的效益达到最佳,从而保证社会及资源的总资产连续增长。水资源利用的社会持续性的核心是,水资源在当代人群之间及代与代之间公平合理的分配,体现了水资源可持续利用的公平性原则。它主要包括当代人群之间水资源利用的公平性,代际间的利用公平性,以及区域水资源分配利用的公平性。

4.3.3.4 水资源可持续利用与管理[①]

1977年召开的"联合国水事会议",向全世界发出严重警告:水不久将成为一个深刻的社会危机,石油危机之后的下一个危机便是水危机。1992年6月,联合国环境与发展大会通过《21世纪议程》,水问题作为其中的重要组成部分,引起了世界各国政府对水资源的合理开发利用和保护的重视。1993年1月,第47届联合国大会根据联合国环境与发展大会制定的《21世纪议程》,确定从1993年开始,将每年的3月22日定为"世界水日",以凸显日益严重的缺水问题,强化大众关心水、爱惜水和保护水的意识。

1.区域经济的可持续发展

区域经济系统是以客观存在的经济地域为基础,按照地域分工原则建立起来的具有区域性特点的地域性经济系统。由于区域经济系统各要素之间相互联系、相互制约,且会不断与外界发生信息和物质交换,所以区域经济系统是开放的、复杂的和相对独立的。概括来讲,区域经济系统具有以下特征:

---

① 请参见许有鹏,付重林,徐梦洁,等.城市水资源与水环境[M].贵阳:贵州人民出版社,2003.

1）差异性

差异性是区域经济系统最基本、最显著的特征。因为一个区域的经济发展水平、发展速度、产业结构等，与区域内的政治、法律、经济基础、人口、科教、地理位置、资源、气候、环境等经济发展要素紧密相关。不同的区域，其经济发展要素是不同的。这种差异性，实质上反映了各区域经济系统的优劣，是决定区域经济发展不平衡的重要因素之一。

2）系统性

区域经济系统是一个相对独立的、系统内部要素具有有机联系的整体。因此，尽管不同区域的经济要素不同，但各系统都以发展经济为目的，力求合理配置资源，形成系统的产业结构和经济发展模式。

3）开放性

区域经济的独立性是相对的，任何区域都会与其他区域进行信息和物质交换。承认并利用不同区域经济系统所具有的各种经济要素和经济发展模式的差异，注重区域之间的流通与交换，不断强化区域自身输入和输出的功能，有利于不同区域经济系统扬长避短、相互补充、协调发展。

4）权益性

任何区域经济系统的发展战略，都必须以谋求本区域经济、社会发展和提高人民生活水平为目的，具有维护自身利益、增强竞争能力的权益。

5）社会性

任何区域的经济发展战略都必须受制于国民经济发展战略，并为国民经济发展战略服务；任何区域不能为了自身发展的需要而损害社会或其他区域的利益。一方面，国民经济的发展是区域经济发展的依托，为区域经济发展提供技术、经济、信息、物质等方面的帮助；另一方面，区域经济的发展又不能损害全社会的利益，即所谓区域的社会公益性。

区域经济的可持续发展，不单指经济发展或自然生态的保护，还指以人为中心的自然（资源、环境、生态等）、社会（人口与教育、消费与服务、卫生与健康等）、经济（工业、农业、商业、交通、通信、能源等）三维复合系统的可持续发展。《中国21世纪议程》把经济、社会、资源与环境视为不可分割的、以人为中心的复合系统。

当然,认识、调控和改善复合系统是十分复杂、艰巨而漫长的过程。发展是第一位的,只有经济发展了,科学技术、基本建设、人口素质与教育、减灾防灾以及保护环境等方面才能得到发展,从而提高保障经济持续发展的区域支撑能力。在经济稳定发展的同时,要优化产业结构(如农业、水利、能源、交通、信息等),提高效益,节约资源和减少废物,发展科教,改善人口结构和提高人口素质,等等。

对资源的开发利用与保护管理,涉及区域经济系统中重要的子系统,如水资源系统、交通系统、矿冶系统、林业系统等。这些子系统的发展水平、发展质量,不仅影响着区域内部的经济发展,也决定着区域与外界的关系,以及区域的输入、输出和效益。

2.区域水资源的合理配置与协调管理

由于水资源亏缺,水资源在时空和用途上存在竞争性。而水资源的开发方式和配置的不同,又导致了不同的经济、环境和社会效果。因此,区域水资源的优化配置是区域经济可持续发展中的重要内容。

水资源优化配置泛指通过工程和非工程措施,利用系统分析决策理论方法和先进技术,统一调配水资源,改变水资源的天然时空分布,兼顾当前利益与长远利益,协调各子区及各用水部门之间的利益矛盾;节流与开源并重,开发利用与保护治理并重,兴利与除害相结合,尽可能地提高区域整体用水效率和用水效益,以促进水资源的可持续利用和区域可持续发展。

3.区域水资源可持续利用与管理的原则

区域水资源可持续利用与管理应遵循以下原则:

1)协调发展原则

应保证区域内自然、经济、社会和环境的协调发展。如果一味追求持续性,就会严重制约社会的发展,那么这种持续性也就失去了存在的价值。

2)持续利用与协调一致原则

在保证社会、经济发展的前提下,应注重水资源的持续利用管理,且近期利用与远期发展必须协调一致。如果只考虑眼前的利益,盲目追求高速度的经济发展,对水资源超量开采利用,缺乏保护与补偿措施,最终可能会导致地下水漏斗加深、水体污染、工程失效等,影响经济的持续发展。

3) 效益最大原则

水资源合理配置的目的是使区域获得最大的综合效益。由于地区之间、部门之间、生产力要素之间的差异,不同地区、不同部门对水的需求程度以及水在其产出中的作用并不相同,以至于不同的配水方式带来的综合效益也有很大差别。水资源的配置应讲求用水效率、用水效益原则,以促进社会经济的高速发展。

4) 不同子区、部门利益公平、责任均担原则

首先,决策者应协调配置水资源,使每个区域均衡发展,不要出现丰缺悬殊、贫富不均、上游大水漫灌而下游干枯断流等现象。其次,对于因水资源协调而受到损失的某些地区、部门,应予以补偿。最后,应实行有偿用水制度,为合理有效地进行水资源开发利用和保护创造条件。

5) 社会公益性原则

任何地区、部门的用水都应服从于全社会的公共利益,服务于全社会的公共事业,不能为了局部利益损害社会公益,如造成水体污染、水土环境资源破坏等。

区域水资源优化配置的理论基础是边际效用理论。一般来说,供水效益、供水成本与供水量存在这样的关系:①某行业的效益 Y 随配水量 Q 的增加而增加,即行业边际效益大于零,但行业效益的二阶导数小于零;②某行业的用水总成本 C 随配水量 Q 的增加而增加,即其边际效益(一阶导数)大于零,且在用水量达到一定规模后,这一增长率随用水量的增加而增加,其二阶导数大于零。这种关系为水资源的合理配置在理论上提供了可能。首先,就某一行业而言,当其用水边际效益与边际成本相等时,这种平衡状态就是最优分配;其次,对多个行业的水资源分配来说,当它们的边际净收益相等时,这种平衡状态就是水资源的最优分配方案。

4. 水资源可持续利用与管理研究内容[①]

从可持续发展观出发,结合我国水资源利用的具体实践,水资源可持续利用的基本原则是:水资源的可持续利用既要考虑当前的发展需要,又要考虑未来发展的需要,不以牺牲后代人的利益为代价来满足当代人的利益需要;水资源的利用要在部门间、地区间得到合理分配;水资源的可持续利用要与人口、社会、经济

---

① 请参见许有鹏,付重林,徐梦洁,等.城市水资源与水环境[M].贵阳:贵州人民出版社,2003.

和环境协调发展,既要达到发展经济的目的,又要保护人类赖以生存的水资源的持续利用环境。

"发展"与"可持续"是矛盾的两个方面,既相互对立又相互统一,共同存在于人类历史中。水资源可持续利用必须以经济为前提。首先,发展是人类永恒的主题,是大家共同追求的目标。如果只追求"可持续"而一味限制水资源的利用,不仅会制约社会经济的良性发展,也不符合人类社会的发展本质。其次,只有经济得到发展,才有能力去合理利用水资源,采取有效措施保护水资源。

水资源承载能力最主要的特点是客观性和主观性的统一。客观性体现在一定区域内的特定条件下,其水资源总量及其变化规律是一定的,是可以把握和衡量的。主观性表现在水资源承载能力大小因人类社会经济活动内容的不同而不同,而且人类可以通过自身行为,尤其是社会经济行为来改变水资源承载能力的大小,控制其发展变化方向。因此,实现我国的水资源可持续利用,经济发展是前提,管理是保证,科技是手段,三者相互渗透、相互影响,缺一不可。经济越发达,技术越先进,水利工程建设和管理水平也越高,通过提高水资源的利用率,可提高水资源的承载能力。

科学有效的管理是水资源可持续利用的重要保证。国际上公认,灌溉节水的潜力50%在管理方面。发挥好管理的四大职能——计划、组织、协调和控制,对水资源可持续利用具有重要意义。例如,合理分配水资源,统筹好当前与未来、局部与全局、上游与下游、兴利与除害、利用与保护等方面的关系;合理评价、设计、建设和调度水资源工程;通过设立系统、有效的水资源管理机构,协调好部门间、地区间的用水冲突与利益关系;实行计划用水;监督控制水资源的利用和保护;等等。

水资源可持续利用与管理的效果主要取决于科学技术。主要表现在:准确掌握水资源的数量及其变化规律;合理分配水资源;制定水资源兴利、除害和保护规划;选择合理的工程方案;采用先进技术,科学调度;制定严密、系统、合理的水资源开发利用、防洪排滞、水资源保护等方面的法规;合理制定水价,保持水利产业市场的良性循环。水资源管理水平越高,技术越先进,水资源的承载能力则越大。

综上所述,水资源可持续利用与管理的主要研究内容包括:

①测算可用水资源的数量,研究水资源的变化规律、水环境的变化规律,为水资源合理分配、开发利用和运行调度提供可靠的基础数据;

②研究国民经济各部门的投入产出关系和部门水资源的需求量及其变化趋势,为合理安排生产力布局和分配水资源提供依据;

③分析区域水资源承载力,预测水资源与水环境的开发潜力,制定水资源可持续利用定量、定性评价指标体系,为可持续水资源管理提供科学依据;

④加强节水技术研究,以增强单位水体的承载力;

⑤研究以区域经济、社会、环境等协调发展为目标的水资源优化配置问题,协调好不同时段、不同地区、不同部门间的水资源利用矛盾;

⑥合理规划、统筹考虑除水害与兴水利、水土保持和水资源保护问题;

⑦准确估算水资源工程的投入及产出,研究科学的水资源建设项目评价方法;

⑧研究高智能、高效率、可靠性强的防洪预报、预警、调度决策系统;

⑨研究水资源工程的多水源、多目标兴利规划与调度;

⑩研究水资源系统的不确定性和水资源系统的风险影响评价及对策;

⑪研究制定合理的水价体系和水资源工程基金管理机制,促进水资源管理的市场良性循环;

⑫建立健全水资源管理运营机制和水资源管理法规体系。

4.3.4 水资源保护

2018年4月,在深入推动长江经济带发展座谈会上,习近平总书记指出,"我讲过'长江病了',而且病得还不轻"。事实上,我国北方地区一些河湖也得了严重的"慢性病",部分河湖水污染严重,一些河道干涸断流。水污染形势严峻,饮用水安全面临挑战,各类水资源开发建设对流域水生态环境的影响日益显现,我国治水的主要矛盾已转变为人民群众对水资源、水生态、水环境的需求与水利行业监管能力不足的矛盾。党的十八大以来,党中央、国务院高度重视水安全工作,把水安全上升为国家战略。系统谋划、科学有效保护水资源,是保障国家水安全、推进生态文明、建设美丽中国的重要举措和必然选择。

4.3.4.1 我国水资源保护面临的新形势与新要求

随着经济社会不断发展,水资源短缺、水生态损害、水环境污染等新问题越来越突出,越来越紧迫,新老问题相互交织。国家实施生态文明建设战略,转变治水思路和方式,水资源保护工作面临着新形势和新要求,主要包括:

1. 加强水资源保护和河湖健康保障成为治水管水的核心工作

水资源短缺、水生态损害、水环境污染问题的产生,主要是由于在以往的经济社会发展中没有充分考虑水资源、水生态、水环境承载能力,着重追求经济效益,导致水资源被过度开发利用。为满足人民群众对优质水资源、健康水生态、宜居水环境的需求,应把调整人的行为、纠正人的错误行为贯穿始终,把节约用水、水资源保护和河湖健康保障作为解决新问题的重要举措,并进行系统谋划。

2. 强化河湖水域岸线等水生态空间管控是维护河湖健康的重要基础

以空间规划为基础,以用途管制为手段的国土空间开发保护制度,已成为我国当前重要的生态文明制度。河湖水系是洪水的通道、水资源的载体、生态廊道的重要组成,构成了国土空间的主动脉。划定水生态空间范围,实施空间用途管制,维护水生态空间结构和功能,是解决水资源无序开发、过度开发问题的重要基础。

3. 统筹山水林田湖草沙系统治理是解决我国水问题的根本途径

山水林田湖草沙是生命共同体,其中水既是最基本的生态环境要素,也是不可替代的自然资源要素,具有核心的生态服务功能和经济社会支持功能。水犹如人体的血液,河流则是经脉,湖泊、湿地是肾脏,任一环节出现问题,就会引起气血亏损不足,或者经脉瘀滞不通等"病症",身体机能和生命活力就会下降。这就要求按照生态系统整体性、流域系统性及其内在规律,统筹生态要素,进行整体保护、系统修复、综合治理。

4.3.4.2 水资源保护内涵

水作为资源,具有"量"和"质"的基本属性,但与土地、矿产资源又有不同。水以流域为单元,在自然、人为驱动下具有循环流动性、可再生性和时空分布波动性,水赋存的河湖空间等载体的状况直接关系到"量"和"质"的状况。根据新形势和新要求,水资源保护必须从以水质保护为主向水质、水量、水生态并重转变。因此,水资源保护的内涵是:为维护江河湖库水体的水质、水量、水生态功能与资源属性,防止水源枯竭、水体污染和水生态系统恶化,保障水资源可持续利用所采取的技术、经济、法律、行政等措施的总和。

在保护目标上,既要保护水资源的经济功能,又要维护其生态功能,以达到保障水资源可持续利用的目标。

在保护范围上,要着眼于水生态系统整体性和流域系统性:既要保护"盆里的水",又要保护"盛水的盆";既要保护地表水,又要保护地下水。

在保护手段上,要着眼于维护和促进水生态系统的良性循环,既要强化对水资源供、用、耗、排等方面开发利用的管控力度,使水资源承载能力真正成为刚性约束,又要加强水生态修复、水污染治理、水环境扩容,确保河湖生态环境功能的恢复、维护和提升。

水污染防治是水资源保护的重要组成,两者既有联系又有区别。水污染防治以改善水环境质量为目标,以污染控制和污染源治理为核心。水资源保护以维护水体功能、实现水资源可持续利用为目标,在保证水资源质量的同时,还要兼顾水资源的数量和水生态系统的稳定。一方面,根据水资源水环境承载能力提出水资源开发利用和污染物入河总量控制要求,做到防病于未发;另一方面,针对水量、水质、水生态问题,系统诊断、分类施策、综合治理,维护江河湖泊健康生态。

4.3.4.3 水资源保护工作总体思路

积极践行"节水优先、空间均衡、系统治理、两手发力"治水思路,紧紧围绕现阶段水利改革发展总基调,以流域为单元、河湖水系为脉络,以水资源、水环境、水生态承载能力为刚性约束,采取"保、限、退、减、增、治"等综合措施,推进整体保护和系统治理,强化监测预警能力建设,健全管控制度和机制,逐步恢复河湖功能,保障水资源可持续利用。

1.坚持保护优先,严治"未病"

对水资源禀赋条件较好、水质总体优良、水生态状况良好的河湖水体及所在区域,特别是江河源头区、水源涵养区、生态敏感区、重要饮用水水源地等生态保护区,要按照治"未病"要求,做到优先"保",严格"限"。

优先"保",就是要坚持保护优先、生态优先,实施水源涵养和保护、水土保持、滨河滨湖植被缓冲带构建以及封育保护等措施,对涉水生态保护红线区按禁止开发区域要求进行管控。

严格"限",就是要落实最严格水资源管理制度,大力推动全社会节水,严格限制对生态影响大的水资源开发利用活动,严格控制和减少入河湖排污总量,严格限制违法违规占用河湖水域岸线、饮用水水源保护区、重要水源涵养区等水生态空间。

2. 强化分类施策、系统"诊疗"

针对水资源开发利用过度、水污染严重、水生态退化的河湖水体及区域,按照辨证施治的理念,做到逐步"退"、持续"减"、合理"增"、系统"治"。

逐步"退"。主要针对的是地表水资源超载区和地下水超采区。通过优化水资源配置、强化节水及适度引调水等措施,逐步退还被挤占的生态水量、压减地下水超采量。对侵占河道、围垦湖泊等突出问题进行清理整治,积极推进退田还湖、退养还滩、退耕还湿,逐步归还被挤占的河湖生态空间。

持续"减"。主要针对的是污染问题突出的河湖。统筹水上、岸上污染治理,全面实施控源减污、节水减排,加强中水回用和再生水利用,持续削减污染物排放总量和入河总量。

合理"增"。主要针对的是水资源、水环境承载能力不足的河湖水域,如水资源严重短缺河湖、富营养化严重湖泊等。根据水资源条件和调配可能性,加强生态流量水量调度,实施必要的河湖生态补水、水系连通、生态修复等工程,提升水体流动性和自净能力。

系统"治"。主要针对的是生态环境问题突出的河湖。统筹山水林田湖草沙系统治理,推进水污染防治、水环境治理、水生态修复、生态水量保障、水工程生态改造等综合措施,实现水质持续改善、水量基本保障、河湖生态逐步修复。加快推进海绵城市建设,修复城市水生态、增强城市防涝能力等。

4.3.4.4 水资源保护措施体系建设

山川、河流、森林、耕地、湖泊、草原、沙漠等作为水循环的物理载体,通过物质转移和能量交换,形成相互依存、紧密联系的有机链条。水以及承载水的"盆"是国土空间的重要组成部分,对国土空间布局起到重要的支撑保障和引导约束作用。从流域系统保护角度出发,按照水量、水质、水生态"三位一体"保护要求,统筹山水林田湖草沙自然生态各要素,结合生态、农业、城镇空间水资源动态关联,综合考虑各部门水资源水生态保护职能,构建水资源大保护措施体系。

1.陆域层面

以促进水资源良性循环为目标,重点实施水源涵养保护、水土保持、用水总量控制、节约用水、水污染防治及海绵城市建设等。其中,水源涵养保护主要针对大江大河源头及上游地区、重要地下水源涵养区,采取植树造林、封育保护、退耕还林还草等措施,提升水源涵养能力,以自然资源部门为主。水土保持主要是开展以小流域为单元的山水林田湖草沙综合治理,加强坡耕地、侵蚀沟、崩塌及石漠化综合整治,控制水土流失,减轻面源污染,以水利部门为主。用水总量控制、节约用水,主要是落实最严格水资源管理制度,以水定需、以水定城、量水而行,控制水资源消耗总量和消耗强度,实现用水高效均衡,以水利部门为主。水污染防治主要是落实水污染防治行动计划,以改善水环境质量为核心,严格控制工业污染、城镇生活污染,防治农业面源污染,以生态环境部门为主。海绵城市建设主要是统筹建筑小区、道路广场、公园绿地、河湖湿地等,综合采取"渗、滞、蓄、净、用、排"等综合措施,以住建部门为主。

2.河湖水域及岸线层面

以保障水域功能持续发挥为目标,重点实施河湖生态流量保障、地下水超采综合治理、饮用水水源地保护、河湖水环境综合治理、生态水系廊道保护、重要水生生境保护与修复等,聚焦"盆里的水"和"盛水的盆",水利部门应发挥主导作用。其中,河湖生态流量保障主要是加强流域水资源和水工程统一调度,严控取用水总量及过程,建设泄放和监控设施,强化监督考核,等等。地下水超采综合治理主要通过节水、农业产业结构调整、多渠道增加水源等,压减地下水超采量。饮用水水源地保护主要是按照"水量保证、水质合格、监控完备、制度健全"的要求,开展水源地达标建设等。河湖水环境综合治理主要是通过截污纳管及入河排污口治理,实现河道生态整治、底泥清淤、水生态恢复及河湖水系连通等。生态水系廊道保护主要是按照"格局优化、水清岸绿、连续稳定、生境多样"的要求,加强水域岸线空间管控,构建具有海绵特征的生态廊道。重要水生生境保护与修复主要是针对沿河重要湿地、重要水生生物栖息地等开展保护和修复工作。各种开发利用河道岸线的措施及工程须严格遵守岸线规划的要求,根据不同的岸线功能区进行相应的岸线利用,避免无序开发和过度利用,控制岸线开发利用区的比例与岸线开发利用率,通过生态河道治理,恢复河道的自然属性,提升自然岸线的占比,从而彰显河道岸线的自然化、生态化、景观化等属性。

4.4 小结

近几十年来,随着社会经济的高速发展,各行各业对水资源的需求不断增加。在长期的水资源开发利用中,由于人们对生态环境的认识不到位、重视程度不够,导致水资源供需不平衡,社会经济发展受到生态环境负面效应左右,一系列水资源可持续发展问题亟待解决。

在当前环境背景下,不仅需要了解水资源可持续利用的原则和特点,掌握经济社会对水资源的需求现状,还要充分理解我国水资源保护面临的新形势与新要求。通过建立完善的水资源保护措施及体系,将水资源可持续发展与人口、经济、环境等指标结合,形成一套科学合理、完整可行的水资源综合管理框架,最终实现水资源可持续发展。

5.1 自然地理

5.1.1 地理位置

重庆市位于我国内陆西南部、长江上游地区,地跨东经105°11′—110°11′、北纬28°10′—32°13′之间的青藏高原与长江中下游平原过渡地带,地处较为发达的东部地区和资源丰富的西部地区的结合部,东邻湖北及湖南,南倚贵州,西接四川,北连陕西,是长江上游最大的经济中心、西南工商业重镇和水陆交通枢纽。市境南北宽450 km,东西长470 km,面积8.24万km²,辖38个区县(26区、8县、4自治县)。2021年,常住人口3212.4万人,城镇化率70.32%。

5.1.2 地形、地貌、地质

总体上,重庆市地势南北高,中间低,从南北两面向长江河谷倾斜,长江干流自西向东横贯全境。地貌以丘陵、山地为主,北、东、南三面为山区。垂直差异大,层状地貌明显;坡地面积大,地貌发育以流水作用为主;地貌类型组合区域分类明显,喀斯特地貌大量分布。山多河多,山脉连绵起伏,河流纵横交错。地貌类型齐全,以山地为主,其中,山地面积占全市总面积的75.33%,丘陵占15.6%,台地占5.33%,平原占3.74%。

由于大巴山横亘于东北边境,山脉呈西北—东南走向;巫山扼守东端大门,长江横切巫山而形成著名的长江三峡;七曜山、武陵山在东南形成连绵的山地,岩溶地貌发育;大娄山由贵州北延进入重庆市,导致南部隆起抬升。西部和中部地势低缓,以丘陵为主,多河谷平坝和山间盆地,间夹东北—西南走向的条状中低山脉。长江自西向东流贯全境,乌江、嘉陵江为南北两大支流,西部水系发育,河湖较多。

重庆市地跨扬子准地台和秦岭地槽褶皱系两大构造单元,地质复杂,工程地质条件分区明显。渝东北大巴山盆缘岩溶化工程地质区,包括秦岭褶皱系的一部分及大巴山台缘褶带,除石炭、白垩系地层外,震旦系至第四系地层均有分布,岩性以灰岩为主,岩溶作用强烈,构造线大致呈NW向展布,主要断裂带具有挽近活动现象,地震活动频繁,但震级低,地壳基本稳定。渝东南七曜山盆缘岩溶化工程地质区,除石炭系地层外,震旦系至第四系地层均有分布,岩性以灰岩为主,岩溶作用强烈,岩层走向NE,构造上为上扬子台褶带,地壳上升较强烈,七曜山—郁江断裂带挽近活动较明显,地震活动较频繁。中部平行岭谷工程地质区,构造上属重庆、万州弧褶束,背斜紧闭,向斜开阔,大面积均衡微弱抬升,小范围表现为下降,地震微弱,华蓥山基底断裂带中、南段地震较为活跃,地层为二叠系至第四系地层,岩性以砂岩、泥岩为主,碳酸盐岩仅分布于各背斜核局部地带,主要工程地质问题有岩体强度不均、软弱夹层多、边坡失稳等。渝西工程地质区,构造上属川中台拱,岩层产状平缓,侏罗系地层广布,以红层砂泥岩为主,岩性软弱,风化作用强烈,软岩及其时效作用系本区的主要工程地质问题。

5.1.3 气象与气候

重庆市属中亚热带湿润季风气候区。气候的主要特点是:冬暖春早,夏多酷热;云雾多,日照少,湿度大,风力小,无霜期长;雨量充沛,时空分布不均;气候温和,光热水资源同步,气象灾害频繁。年平均气温17.4 ℃,无霜期210—349 d。冬季最低平均气温6—8 ℃,夏季平均气温27—29 ℃,极端最高气温44 ℃,最低气温-13.2 ℃。总体上呈现冬暖夏热、无霜期长、雨量充沛、雨热同季的特点,春夏之交夜雨尤甚,素有"冬暖夏热"之说。

境内降水以降雨为主,光热雨同季,整体湿度大。多年平均降水量1184 mm,年降水量一般在850—1700 mm,多数区域普遍在1000—1300 mm。降水量在年内分配不均,多集中在5月至10月,占全年降水量的75%左右。尤其是6月至7月上半月,为全年降雨高峰期;7月下旬至8月下旬,为晴热少雨期,常有伏旱发生;9月、10月副高季节性南退,冷空气开始活跃,降雨再次增多,常形成旷日持久的秋绵雨天气,为全年降雨第二次高峰期。重庆的降雨多发生在夜间,夜间降雨量约占全年的60%—70%,"巴山夜雨"自古有名。

降水量年际变化较大。年降水量最大值、最小值之比一般在1.56—4.24之间。从地域分布看,降水一般东南、东北部多,中西部少,山区深丘多、河谷丘陵平坝少,长江沿岸多暴雨,且降水呈现随高程增高而增大的特点。

5.1.4 河流水系

重庆市境内河流纵横,均属长江水系。有流域面积50 km²及以上河流510条,流域面积100 km²及以上河流274条,流域面积1000 km²及以上河流42条,流域面积3000 km²及以上河流(如长江、嘉陵江、乌江、涪江、渠江等)19条。详见表5.1-1。

表5.1-1　重庆市主要河流

序号	河流名称	河流长度/km	流域面积/km²	重庆市内面积/km²	序号	河流名称	河流长度/km	流域面积/km²	重庆市内面积/km²
1	长江	6296	1796000	82373	22	龙河	163	2779	2765
2	嘉陵江	1132	158958	9590	23	甘龙河	112	2029	1564
3	乌江	993	87656	15753	24	梅溪河	118	1901	1901
4	渠江	676	38913	2216	25	大溪河	123	1786	1786
5	涪江	668	35881	4336	26	南河	97	1711	1543
6	西水	484	19344	4658	27	汤溪河	104	1697	1697
7	州河	311	11100	1400	28	小安溪	166	1663	1663
8	芙蓉江	234	7806	939	29	大溪河	86	1623	1601
9	綦江	223	7089	4756	30	大清流河	125	1541	343
10	阿蓬江	244	5345	2535	31	大洪河	158	1451	243
11	小江	190	5205	5036	32	中江	113	1398	175
12	任河	219	4902	2377	33	长滩河	92	1284	720
13	郁江	176	4562	2942	34	龙潭河	66	1274	1226
14	大宁河	181	4407	4346	35	普子河	81	1252	1195
15	琼江	240	4311	1228	36	梅江	70	1248	180
16	御临河	231	3867	931	37	塘河	136	1199	181
17	龙溪河	238	3248	3246	38	藻渡河	102	1189	462
18	濑溪河	200	3236	1672	39	笋溪河	136	1172	1103
19	磨刀溪	189	3049	2307	40	普里河	126	1169	1169
20	花垣河	191	2832	278	41	璧南河	102	1053	1053
21	梅江	144	2799	2700	42	三江	74	1046	326

这些河流除任河注入汉江,酉水注入北河汇入沅江(洞庭湖),濑溪河和大清流河注入沱江外,其余均在重庆境内注入长江汇入三峡水库。长江自西南向东北横贯全境,乌江、嘉陵江为南北两大支流,形成不对称的、向心的网状水系。

5.1.5 水资源分区

重庆市全境均处于长江流域1个一级区中。全市共划分了6个二级区,8个三级区,即岷沱江、嘉陵江、乌江、宜宾至宜昌、洞庭湖水系、汉江水系共6个二级区,沱江、涪江、渠江、广元昭化以下干流、思南以下、宜宾至宜昌干流、沅江浦市镇以下、丹江口以上共8个三级区。详见表5.1-2。

表5.1-2　重庆市水资源三级分区套行政区划情况表

水资源分区			行政区划	三级区面积/km²
一级	二级	三级		
长江流域	岷沱江	沱江	大足区	919
			荣昌区	1079
	嘉陵江	涪江	潼南区	1585
			铜梁区	1342
			合川区	543
			大足区	508
			永川区	421
		渠江	城口县	915
			梁平区	447
			合川区	772
		广元昭化以下干流	合川区	1041
			北碚区	755
			渝北区	564
			江北区	38
			渝中区	22
			沙坪坝区	383
			九龙坡区	152
			璧山区	202

续表

水资源分区			行政区划	三级区面积/km²
一级	二级	三级		
长江流域	乌江	思南以下	酉阳县	2989
			黔江区	2397
			彭水县	3903
			武隆区	2901
			涪陵区	941
			南川区	2120
			石柱县	543
	宜宾至宜昌	宜宾至宜昌干流	江津区	3200
			永川区	1155
			璧山区	710
			九龙坡区	291
			大渡口区	94
			江北区	176
			渝北区	888
			长寿区	1415
			涪陵区	2005
			丰都县	2901
			垫江县	1518
			忠县	2184
			梁平区	1443
			万州区	3457
			开州区	3959
			云阳县	3634
			奉节县	4087
			巫溪县	4030
			巫山县	2958
			綦江区	2182
			万盛经开区	566
			南川区	482
			巴南区	1830
			南岸区	279
			石柱县	2470

续表

水资源分区			行政区划	三级区面积/km²
一级	二级	三级		
长江流域	洞庭湖水系	沅江浦市镇以下	酉阳县	2184
			秀山县	2450
	汉江水系	丹江口以上	城口县	2371

5.2 社会经济

5.2.1 行政区划

重庆市下辖38个行政区县(自治县),含26个区(万州区、黔江区、涪陵区、渝中区、大渡口区、江北区、沙坪坝区、九龙坡区、南岸区、北碚区、渝北区、巴南区、长寿区、江津区、合川区、永川区、南川区、綦江区、大足区、璧山区、铜梁区、潼南区、荣昌区、开州区、梁平区和武隆区),12个县(自治县)(城口县、丰都县、垫江县、忠县、云阳县、奉节县、巫山县、巫溪县、石柱土家族自治县、秀山土家族苗族自治县、酉阳土家族苗族自治县、彭水苗族土家族自治县)。

目前,重庆形成"一区两群"空间新格局。"一区"指主城都市区,"两群"指渝东北三峡库区城镇群、渝东南武陵山区城镇群。主城都市区包括中心城区和主城新区,中心城区包括渝中区、大渡口区、江北区、沙坪坝区、九龙坡区、南岸区、北碚区、渝北区、巴南区;主城新区包括涪陵区、长寿区、江津区、合川区、永川区、南川区、綦江区、大足区、璧山区、铜梁区、潼南区、荣昌区。渝东北三峡库区城镇群包括:万州区、开州区、梁平区、丰都县、垫江县、忠县、云阳县、奉节县、巫山县、巫溪县、城口县。渝东南武陵山区城镇群包括:黔江区、武隆区、石柱土家族自治县、秀山土家族苗族自治县、酉阳土家族苗族自治县、彭水苗族土家族自治县。

5.2.2 人口

重庆市第七次全国人口普查结果显示,全市常住人口为3205.42万人,与2010年第六次全国人口普查的2884.62万人相比,增加320.80万人,增长11.12%,年平均增长率为1.06%,比2000年到2010年的年平均增长率0.12%上升0.94个百分点。人口增长平稳。

主城都市区常住人口占65.90%,其中,中心城区常住人口占32.27%,主城新区常住人口占33.63%;渝东北三峡库区城镇群常住人口占25.16%;渝东南武陵山区城镇群常住人口占8.94%。与2010年相比,主城都市区人口所占比重上升4.73个百分点。其中,中心城区人口所占比重上升6.42个百分点,主城新区人口所占比重下降1.69个百分点;渝东北三峡库区城镇群人口所占比重下降3.84个百分点;渝东南武陵山区城镇群人口所占比重下降0.89个百分点。人口向经济发达区域特别是中心城区进一步集聚。

居住在城镇的人口为2226.41万人,占69.46%;居住在乡村的人口为979.01万人,占30.54%。与2010年相比,城镇人口增加696.82万人,乡村人口减少376.02万人,城镇人口比重上升16.43个百分点。10年来,重庆市新型城镇化进程稳步推进,城镇化建设取得了历史性成就,迈上了新台阶。

5.2.3 社会经济发展

重庆市2020年地区生产总值25002.79亿元,比上年增长3.9%。按产业分,第一产业增加值1803.33亿元,比上年增长4.7%;第二产业增加值9992.21亿元,比上年增长4.9%;第三产业增加值13207.25亿元,比上年增长2.9%。三次产业结构比为7.2∶40.0∶52.8。民营经济增加值14759.71亿元,增长3.8%,占全市经济总量的59.0%。

5.3 水利发展规划

根据《重庆市人民政府办公厅关于印发重庆市水安全保障"十四五"规划(2021—2025年)的通知》,目标任务为:

围绕第二个百年奋斗目标,以自然河湖水系为基础、引调提水工程为通道、调蓄工程为节点、智慧化调控为手段,统筹水灾害防御、水资源调配、水生态保护等功能,规划实施"一核两网·百库千川",加快形成"系统完备、安全可靠,集约高效、绿色智能,循环通畅、调控有序"的重庆水网,建成与社会主义现代化国家建设相适应的水安全保障体系。

到2025年,基本满足人民群众对持续水安澜、优质水资源、健康水生态、宜居水环境、先进水文化的需求,重庆水网初具雏形,涉水事务监管体系基本建成,水安全保障能力明显增强。到2035年,水安全保障能力全面提升,基本建成重庆水网,基本实现重庆水利现代化。

城乡防洪能力稳步提升。加快解决城乡防洪薄弱环节,努力消除现状重点防洪风险点,全面消除现有病险水库安全隐患,全市5级以上江河堤防达标率达88%。实现水库和流域面积200平方公里以上有防洪任务的河流水文监测全覆盖;水旱灾害预报、预警、预演、预案及调度管理体系不断完善,重大水安全事件风险防范化解能力进一步增强。

水资源节约集约利用水平明显提高。围绕"三塔·两引·多点"["三塔"即主城都市区现代水网内的渝南水塔(包含藻渡水库、金佛山水库、福寿岩水库等大型水库)、渝东北水资源配置网络内的开州水塔(包含鲤鱼塘水库、跳蹬水库等大型水库)和城口水塔(高望水库、明通水库等大型水库),"两引"即主城都市区现代水网内的渝西水资源配置工程、长征渠引水工程,"多点"即以大型水库为控制性的骨干水源点]水源工程布局,加快主城都市区现代水网建设,启动渝东北三峡库区城镇群水网建设,新增水库总库容6.5亿立方米,水利工程新增年供水能力5亿立方米以上,城乡供水保障能力和抗旱应急能力明显增强。注重水资源节约集约利用,加快形成节约水资源、保护水环境、涵养水生态的空间格局、产业结构、生产方式和消费模式;年用水总量控制在100亿立方米以内,单位地区生产总值用水量、单位工业增加值用水量均较2020年下降15%,农田灌溉水有效利用系数提高到0.515。

幸福河湖建设初见成效。江河湖库水源涵养与保护能力进一步提升,重点河湖基本生态流量达标率90%以上,切实保护好长江母亲河和三峡库区水生态环境。人为水土流失得到有效控制,重点地区水土流失得到有效治理,水土保持率提高到72.2%以上。涉水空间管控制度基本建立,河湖水域面积稳步增加,河湖岸线保护与生态修复得以加强。

水利科技文化实力不断增强。水利科技文化体制机制较为完善,水利科技创新平台建设实现突破,力争推出一批重大水利科研成果,新材料、新技术、新工艺得以广泛应用。智慧水利初步实现,基本实现行业监管精细化、江河调度协调化、工程运行自动化、应急处置实时化。水文化得到保护传承及弘扬,水工程和水文化融合发展。水利科技人才队伍蓬勃发展。

涉水事务监管体系基本建成。建立健全较为完备的地方性法规、政府规章、规范性文件"三位一体"的水法规制度体系,行业监管制度化、规范化、标准化基本实现。水治理智能化水平明显提升,政务服务实现全流程网上办理和移动服务。主要河湖水域岸线得到有效管控。大中型水利工程安全监测全覆盖,水安全风险防控能力明显提升。推动水利行业工程管理向社会管理转型,基本实现工程管理与社会管理并重。

5.4 小结

重庆,简称"渝",别称山城,是我国最年轻的直辖市,国务院批复确定的国家中心城市、长江上游地区经济中心、国家重要先进制造业中心、西部金融中心、西部国际综合交通枢纽和国际门户枢纽。尽管重庆多年平均水资源总量为567.8亿 m^3,每平方千米水面积全国第一,但总的地势东南部、东北部高,中部和西部低,由南北向长江河谷逐级降低,区境内水资源时空分布极为不均,供需矛盾依然存在。

为建成与社会主义现代化国家建设相适应的水安全保障体系,实现重庆水利现代化和绿色发展,需要稳步提升城乡防洪能力,提高水资源节约集约利用水平,建设幸福河湖,不断增强水利科技文化实力,建成涉水事务监管体系,有必要开展区域内可利用的水资源量对该区域社会、经济、生态环境等的最大承受能力研究,探讨水资源与区域经济社会可持续发展的策略。

第6章 │ 重庆市水资源量承载能力评价

6.1 用水总量指标

2022年1月,国家层面正式发布《"十四五"水安全保障规划》,其目的是推动新阶段水利高质量发展,全面提升国家水安全保障能力,为全面建设社会主义现代化国家提供有力的水安全保障。此前,2021年10月,重庆正式发布《重庆市水安全保障"十四五"规划(2021—2025年)》,全面总结了区域内"十三五"水利发展成就,深入研判新时期水安全保障面临的形势和机遇挑战,研究提出"十四五"时期水安全保障总体要求、主要目标、重点任务、保障措施以及2035年远景目标。

其中,水资源配置方面,计划深入推进国家节水行动,建立水资源刚性约束制度,按照"强骨干、增调配、成网络"思路,抓紧推进一批标志性骨干水利工程,着力为重庆水网夯基垒台、立柱架梁,提升水资源统筹调配能力、供水保障能力、战略储备能力,全面推进重庆水网建设。这一系列工作的开展,都受束于重庆市境内水资源的承载状态和承载能力。基于以上背景,本章分析和阐述重庆市水资源的用水总量承载负荷、承载现状及承载能力。

6.1.1 用水总量指标分解

根据《国务院办公厅关于印发实行最严格水资源管理制度考核办法的通知》,2013年,《重庆市实行最严格水资源管理制度考核办法》确定重庆市2015年、2020年和2030年全市用水总量控制指标分别为94亿m^3、97亿m^3和105亿m^3。为进一步落实用水总量控制工作,2016年,《重庆市人民政府办公厅关于印发2016—2020年度水资源管理"三条红线"控制指标的通知》确定2016—2020年全市逐年用水总量控制指标分别为94.85亿m^3、95.56亿m^3、96.11亿m^3、96.63亿m^3和97.00亿m^3,并分解到全市38个区县和万盛经开区。详见表6.1-1。

表6.1-1　重庆市各区县用水总量控制目标表（单位:亿m³）

行政区名称	2015年	2016年	2017年	2018年	2019年	2020年	2030年
全市	94.00	94.85	95.56	96.11	96.63	97.00	105.00
万州区	4.60	4.65	4.69	4.72	4.75	4.78	5.30
涪陵区	5.95	6.02	6.08	6.13	6.17	6.19	6.80
渝中区	0.89	0.89	0.89	0.89	0.89	0.89	0.89
大渡口区	1.45	1.46	1.47	1.48	1.49	1.50	1.66
江北区	2.58	2.61	2.63	2.64	2.65	2.66	2.90
沙坪坝区	2.75	2.78	2.80	2.81	2.82	2.83	3.05
九龙坡区	2.40	2.43	2.45	2.46	2.47	2.48	2.75
南岸区	2.21	2.24	2.26	2.28	2.29	2.30	2.57
北碚区	2.90	2.92	2.94	2.96	2.97	2.98	3.22
綦江区	2.76	2.78	2.79	2.80	2.81	2.82	3.08
大足区	1.95	1.97	1.99	2.00	2.01	2.02	2.24
渝北区	3.30	3.35	3.39	3.42	3.44	3.45	3.82
巴南区	2.78	2.81	2.83	2.85	2.87	2.88	3.20
黔江区	1.25	1.26	1.27	1.28	1.29	1.30	1.40
长寿区	4.95	5.00	5.04	5.07	5.10	5.12	5.62
江津区	11.48	11.50	11.52	11.54	11.55	11.56	11.83
合川区	3.36	3.38	3.40	3.42	3.44	3.45	3.75
永川区	3.82	3.87	3.90	3.93	3.95	3.97	4.41
南川区	2.59	2.61	2.63	2.64	2.65	2.66	2.92
璧山区	1.23	1.24	1.25	1.26	1.27	1.28	1.40
铜梁区	2.23	2.25	2.27	2.29	2.30	2.31	2.53
潼南区	2.11	2.13	2.15	2.16	2.17	2.18	2.33
荣昌区	1.93	1.95	1.97	1.99	2.00	2.01	2.24
开州区	3.11	3.13	3.15	3.17	3.19	3.20	3.45
梁平区	1.86	1.89	1.92	1.94	1.96	1.98	2.15
城口县	0.60	0.61	0.62	0.62	0.63	0.63	0.70
丰都县	1.51	1.52	1.53	1.54	1.55	1.56	1.67
垫江县	2.10	2.13	2.15	2.17	2.19	2.20	2.36
武隆区	1.10	1.12	1.13	1.14	1.15	1.16	1.26
忠县	1.67	1.68	1.69	1.70	1.71	1.71	1.85

续表

行政区名称	2015年	2016年	2017年	2018年	2019年	2020年	2030年
云阳县	1.70	1.71	1.72	1.73	1.74	1.75	1.85
奉节县	1.10	1.11	1.12	1.13	1.14	1.14	1.24
巫山县	0.70	0.71	0.72	0.72	0.73	0.73	0.80
巫溪县	0.65	0.66	0.67	0.67	0.68	0.68	0.75
石柱县	0.95	0.96	0.97	0.97	0.98	0.98	1.04
秀山县	2.20	2.22	2.24	2.26	2.28	2.30	2.46
酉阳县	1.18	1.19	1.20	1.20	1.21	1.21	1.27
彭水县	1.20	1.20	1.20	1.20	1.20	1.20	1.20
万盛经开区	0.90	0.91	0.92	0.93	0.94	0.95	1.04

注:表中数据由于四舍五入存在些许误差,后同。

根据重庆市水资源综合规划、重庆市水中长期供求规划等,将区县用水总量指标分解并合并到水资源三级区。重庆市各水平年的用水总量控制目标详见表6.1-2。

表6.1-2　重庆市各水资源三级区用水总量控制目标表

水资源三级区	用水总量控制目标/亿m³			
	2015年	2017年	2020年	2030年
全市	94.06	95.55	97.13	105.58
沱江	3.40	3.47	3.53	3.95
涪江	7.00	7.15	7.20	7.85
渠江	1.68	1.71	1.75	1.90
广元昭化以下干流	12.12	12.32	12.55	13.65
思南以下	7.15	7.29	7.43	7.98
宜宾至宜昌干流	59.26	60.09	61.09	66.38
沅江浦市镇以下	2.96	3.02	3.07	3.30
丹江口以上	0.49	0.50	0.51	0.57

6.1.2 用水总量指标核定

根据《全国水资源承载能力监测预警技术大纲(修订稿)》,需要结合指标分解时考虑的因素进行用水总量指标核定。核定的主要因素有:指标中包含规划但未生效工程供水量的,应扣减该工程的配置供水量;指标中包含大规模外流域调水量的,应视情况扣减外调水量;指标确定时考虑区域经济社会发展现实需求,允许部分地表水挤占或地下水超采的,应扣减地表水挤占量和地下水超采量。

《重庆市人民政府办公厅关于印发2016—2020年度水资源管理"三条红线"控制指标的通知》确定的2017年用水总量控制目标为95.56亿m³。根据《重庆市水资源公报》(2017年),全市实际用水总量77.4408亿m³,低于用水总量控制目标。各区县实际用水总量均控制在用水总量控制目标范围内,满足用水总量控制要求。各区县用水总量与控制目标复核结果见表6.1-3。

表6.1-3 重庆市各区县用水总量与控制目标复核表(单位:亿m³)

行政区	控制目标			实际用水量	用水量复核结果
	2015年	2017年	2020年	2017年	2017年的实际用水量与控制目标比较
全市	94.0000	95.5350	97.0000	77.4408	−18.0942
万州区	4.6000	4.6900	4.7800	3.9080	−0.7820
涪陵区	5.9500	6.0800	6.1900	5.0388	−1.0412
渝中区	0.8900	0.8900	0.8900	0.8145	−0.0755
大渡口区	1.4500	1.4700	1.5000	0.6966	−0.7734
江北区	2.5800	2.6300	2.6600	1.8122	−0.8178
沙坪坝区	2.7500	2.8000	2.8300	2.1106	−0.6894
九龙坡区	2.4000	2.4500	2.4800	2.2458	−0.2042
南岸区	2.2100	2.2600	2.3000	1.8508	−0.4092
北碚区	2.9000	2.9400	2.9800	2.3246	−0.6154
綦江区	2.7600	2.7900	2.8200	2.4644	−0.3256
大足区	1.9500	1.9900	2.0200	1.9090	−0.0810
渝北区	3.3000	3.3900	3.4500	2.8112	−0.5788
巴南区	2.7800	2.8300	2.8800	2.2950	−0.5350
黔江区	1.2500	1.2700	1.3000	1.1126	−0.1574
长寿区	4.9500	5.0400	5.1200	3.5236	−1.5164
江津区	11.4800	11.5200	11.5600	7.6309	−3.8891
合川区	3.3600	3.4000	3.4500	3.1145	−0.2855
永川区	3.8200	3.9000	3.9700	3.0746	−0.8254
南川区	2.5900	2.6300	2.6600	1.8210	−0.8090

续表

行政区	控制目标			实际用水量	用水量复核结果
	2015年	2017年	2020年	2017年	2017年的实际用水量与控制目标比较
璧山区	1.2300	1.2500	1.2800	1.2184	−0.0316
铜梁区	2.2300	2.2700	2.3100	2.1200	−0.1500
潼南区	2.1100	2.1500	2.1800	1.9038	−0.2462
荣昌区	1.9300	1.9700	2.0100	1.7322	−0.2378
开州区	3.1100	3.1500	3.2000	2.9100	−0.2400
梁平区	1.8600	1.9200	1.9800	1.6666	−0.2534
城口县	0.6000	0.6150	0.6300	0.4130	−0.2020
丰都县	1.5100	1.5300	1.5600	1.3485	−0.1815
垫江县	2.1000	2.1500	2.2000	1.9520	−0.1980
武隆区	1.1000	1.1300	1.1600	1.0380	−0.0920
忠县	1.6700	1.6900	1.7100	1.4615	−0.2285
云阳县	1.7000	1.7200	1.7500	1.5998	−0.1202
奉节县	1.1000	1.1200	1.1400	1.0980	−0.0220
巫山县	0.7000	0.7150	0.7300	0.6086	−0.1064
巫溪县	0.6500	0.6650	0.6800	0.5850	−0.0800
石柱县	0.9500	0.9650	0.9800	0.8431	−0.1219
秀山县	2.2000	2.2400	2.3000	1.5441	−0.6959
酉阳县	1.1800	1.1950	1.2100	1.1658	−0.0292
彭水县	1.2000	1.2000	1.2000	0.8947	−0.3053
万盛经开区	0.9000	0.9200	0.9500	0.7790	−0.1410

6.2 用水总量承载负荷核算

6.2.1 现状年用水总量

根据《重庆市水资源公报》(2017年),2017年全市总用水量77.4408亿 m³。按用户特性统计,生产用水61.1187亿 m³,生活用水15.2374亿 m³,生态环境用水1.0847亿 m³,分别占总用水量的78.92%、19.68%、1.40%。

重庆市水资源三级区2017年现状用水量情况见表6.2-1,行政分区现状用水量统计详见表6.2-2。

表6.2-1 2017年重庆市水资源三级区现状用水量情况（单位：亿m³）

流域三级区	农业用水量	工业用水量	生活用水量	生态环境补水量
沱江	1.2409	1.0208	0.7460	0.0258
涪江	2.6066	1.9884	1.3104	0.0754
渠江	0.7398	0.3668	0.3886	0.0288
广元昭化以下干流	1.5463	3.9662	4.5407	0.2189
思南以下	3.0413	1.8644	1.4246	0.0474
宜宾至宜昌干流	15.2540	20.1530	11.6834	0.6785
沅江浦市镇以下	1.0303	0.7163	0.3933	0.0147
丹江口以上	0.1617	0.0670	0.0972	0.0034

表6.2-2 2017年重庆市行政分区现状用水量情况（单位：亿m³）

分区	农业用水量	工业用水量	生活用水量	生态环境补水量	总用水量
万州区	1.3981	1.4160	1.0331	0.0608	3.9080
黔江区	0.6054	0.2002	0.3023	0.0047	1.1126
涪陵区	1.1637	3.0765	0.7468	0.0518	5.0388
渝中区	0.0000	0.0422	0.7572	0.0151	0.8145
大渡口区	0.0119	0.2958	0.3749	0.0140	0.6966
江北区	0.0172	0.8220	0.9445	0.0285	1.8122
沙坪坝区	0.1467	0.8545	1.0619	0.0475	2.1106
九龙坡区	0.2074	0.7910	1.2144	0.0330	2.2458
南岸区	0.0171	0.8946	0.9108	0.0283	1.8508
北碚区	0.3622	1.1250	0.7825	0.0549	2.3246
渝北区	0.2572	1.5562	0.9548	0.0430	2.8112
巴南区	0.4459	0.7600	1.0099	0.0792	2.2950
长寿区	0.8398	2.1080	0.5570	0.0188	3.5236
江津区	1.4087	5.3916	0.8039	0.0267	7.6309
合川区	1.3042	0.8780	0.8616	0.0707	3.1145
永川区	1.6996	0.7272	0.6097	0.0381	3.0746
南川区	0.9405	0.4790	0.3855	0.0160	1.8210
綦江区	1.1167	0.8924	0.4381	0.0172	2.4644
万盛经开区	0.1189	0.4260	0.2183	0.0158	0.7790
大足区	0.8353	0.5595	0.4950	0.0192	1.9090

续表

分区	农业用水量	工业用水量	生活用水量	生态环境补水量	总用水量
璧山区	0.4810	0.3245	0.3309	0.0820	1.2184
铜梁区	0.8722	0.7876	0.4359	0.0243	2.1200
潼南区	0.7935	0.6897	0.3927	0.0279	1.9038
荣昌区	0.6697	0.7084	0.3435	0.0106	1.7322
开州区	1.3232	0.8930	0.6673	0.0265	2.9100
梁平区	1.0776	0.2532	0.3161	0.0197	1.6666
武隆区	0.6004	0.2358	0.1913	0.0105	1.0380
城口县	0.2169	0.0739	0.1183	0.0039	0.4130
丰都县	0.8573	0.1752	0.3057	0.0103	1.3485
垫江县	1.0402	0.4985	0.3303	0.0830	1.9520
忠县	0.3273	0.7493	0.3671	0.0178	1.4615
云阳县	0.8574	0.3269	0.4013	0.0142	1.5998
奉节县	0.4963	0.2140	0.3724	0.0153	1.0980
巫山县	0.3242	0.0487	0.2280	0.0077	0.6086
巫溪县	0.3533	0.0330	0.1912	0.0075	0.5850
石柱县	0.4415	0.1500	0.2384	0.0132	0.8431
秀山县	0.5942	0.6462	0.2906	0.0131	1.5441
酉阳县	0.7750	0.1220	0.2641	0.0047	1.1658
彭水县	0.4244	0.2136	0.2475	0.0092	0.8947
全市	25.6209	30.1428	20.5842	1.0928	77.4408

6.2.2 不同产业用水占比及其空间分布

以水资源三级区为统计单元,统计不同产业用水比例,详见表6.2-3。该结果表明,各流域片的用水量产业分布有较大的不同。全市农业用水占比为33.08%,工业用水占比为38.92%,生活用水占比为26.58%,生态用水占比为1.41%。在划分的水资源三级区中,丹江口以上、渠江、思南以下农业用水占比最大,分别为49.10%、48.55%和47.69%,表明这些流域用水主要以农业用水为主。宜宾至宜昌干流、广元昭化以下干流、沱江的工业用水占比较大,分别为42.19%、38.61%和33.65%,表明这些流域用水主要以工业用水为主,经济相对发达。

表6.2-3　2017年重庆市水资源三级区不同产业用水比例(单位:%)

分区	农业用水占比	工业用水占比	生活用水占比	生态用水占比
沱江	40.91	33.65	24.59	0.85
涪江	43.58	33.25	21.91	1.26
渠江	48.55	24.07	25.50	1.89
广元昭化以下干流	15.05	38.61	44.20	2.13
思南以下	47.69	29.23	22.34	0.74
宜宾至宜昌干流	31.93	42.19	24.46	1.42
沅江浦市镇以下	47.82	33.25	18.25	0.68
丹江口以上	49.10	20.35	29.52	1.03
全市	33.08	38.92	26.58	1.41

统计各行政区不同产业用水情况,结果见表6.2-4。农业用水量占比超过50%的区县有13个,从大到小依次为酉阳县、梁平区、丰都县、巫溪县、武隆区、永川区、黔江区、云阳县、垫江县、巫山县、城口县、石柱县、南川区。工业用水占比超过50%的有江津区、涪陵区、长寿区、渝北区、万盛经开区、忠县,表明这些区域工业较为发达。各区县的区位情况表明,农业用水占比较高的区县主要在渝东南和渝东北,工业用水占比较高的区县主要在主城都市区。

表6.2-4　2017年重庆市各区县不同产业用水比例(单位:%)

区县	农业用水占比	工业用水占比	生活用水占比	生态用水占比
全市	33.08	38.92	26.58	1.41
万州区	35.78	36.23	26.44	1.56
黔江区	54.41	17.99	27.17	0.42
涪陵区	23.09	61.06	14.82	1.03
渝中区	0.00	5.18	92.97	1.85
大渡口区	1.71	42.46	53.82	2.01
江北区	0.95	45.36	52.12	1.57
沙坪坝区	6.95	40.49	50.31	2.25
九龙坡区	9.24	35.22	54.07	1.47
南岸区	0.92	48.34	49.21	1.53
北碚区	15.58	48.40	33.66	2.36
渝北区	9.15	55.36	33.96	1.53

续表

区县	农业用水占比	工业用水占比	生活用水占比	生态用水占比
巴南区	19.43	33.12	44.00	3.45
长寿区	23.83	59.83	15.81	0.53
江津区	18.46	70.65	10.53	0.35
合川区	41.88	28.19	27.66	2.27
永川区	55.28	23.65	19.83	1.24
南川区	51.65	26.30	21.17	0.88
綦江区	45.31	36.21	17.78	0.70
万盛经开区	15.26	54.69	28.02	2.03
大足区	43.76	29.31	25.93	1.01
璧山区	39.48	26.63	27.16	6.73
铜梁区	41.14	37.15	20.56	1.15
潼南区	41.68	36.23	20.63	1.47
荣昌区	38.66	40.90	19.83	0.61
开州区	45.47	30.69	22.93	0.91
梁平区	64.66	15.19	18.97	1.18
武隆区	57.84	22.72	18.43	1.01
城口县	52.52	17.89	28.64	0.94
丰都县	63.57	12.99	22.67	0.76
垫江县	53.29	25.54	16.92	4.25
忠县	22.39	51.27	25.12	1.22
云阳县	53.59	20.43	25.08	0.89
奉节县	45.20	19.49	33.92	1.39
巫山县	53.27	8.00	37.46	1.27
巫溪县	60.39	5.64	32.68	1.28
石柱县	52.37	17.79	28.28	1.57
秀山县	38.48	41.85	18.82	0.85
酉阳县	66.48	10.46	22.65	0.40
彭水县	47.43	23.87	27.66	1.03

6.2.3 评价口径用水总量

6.2.3.1 概述

根据《全国水资源承载能力监测预警技术大纲（修订稿）》，考虑到用水总量指标对应水平年与现状年来水频率可能不同，且2000年以后新增火（核）电冷却水量按耗水量统计，因此首先须将现状年水资源公报口径用水量转换为用水总量控制指标口径的用水量。须转换的用水项主要包括农业灌溉用水量、火（核）电直流冷却水用水量以及特殊情况用水量。

6.2.3.2 水量转换方法

1.农业灌溉用水量

按照《全国水资源承载能力监测预警技术大纲（修订稿）》，农业灌溉用水量转换仅对当年来水较枯或较丰（降水频率不在37.5%—62.5%范围内）的地区进行。但《长江委办公室关于印发建立长江流域片水资源承载能力监测预警机制工作大纲的通知》未明确指出仅对当年来水较枯或较丰的地区进行转换。综合考虑重庆市水资源情势，依据《长江委办公室关于印发建立长江流域片水资源承载能力监测预警机制工作大纲的通知》的要求，对重庆市各区县的农业灌溉用水量进行转换。

根据水资源公报、雨量站等降水量资料，计算现状年县级行政区降水量，并分析其降水丰枯程度（包括距平、降水频率）。根据降水丰枯程度，将现状年农业灌溉用水量转换为多年平均用水量。

对于近几年降水能够代表平水年或多年平均状况的区域，可将近几年农业灌溉用水量（或亩均用水量）平均值作为多年平均用水量；对于近几年降水不能够代表丰枯变化的区域，可参考水中长期供求规划基准年不同频率农业配置水量与多年平均配置水量的比例系数，依据当年的丰枯频率内插获得转换系数进行转换。此外，如果近期农业灌溉水量保持稳定不变或持续下降，以及灌溉用水量与降水多少无明显关系的区域，可不进行转换。

具体转换方法为：首先根据水中长期供求规划等资料，获得区域基准年不同频率（50%、75%、90%）农业灌溉用水配置成果，计算不同频率下农业灌溉用水配置系数（或采用农业灌溉用水定额）。

$$K_{50\%}=1,K_{75\%}=W_{50\%}/W_{75\%},K_{90\%}=W_{50\%}/W_{90\%} \qquad （公式6.2-1）$$

公式6.2-1中，$K_{50\%}$、$K_{75\%}$、$K_{90\%}$分别为50%、75%、90%来水频率下的农业灌溉用水配置系数；$W_{50\%}$、$W_{75\%}$、$W_{90\%}$分别为50%、75%、90%来水频率下的农业灌溉用水量。

根据现状年实际来水频率，通过线性内插或外延得到该来水频率下的农业灌溉用水配置系数，则评价口径下的农业灌溉用水量为：

$$W_{农业灌溉评价口径}=K_{线性内插或外延}\times W_{农业灌溉公报口径} \qquad （公式6.2-2）$$

2. 火（核）电直流冷却水用水量

根据直流冷却火（核）电厂的投产年份进行逐一统计与转换。2000年之后投产（或扩建）且利用江河水作为直流冷却水的火（核）电厂机组取水量，按其耗水量统计用水量。转换公式为：

$$W_{火（核）电折减}=98.5\%\times W_{2000年后新增直流冷却水量} \qquad （公式6.2-3）$$

3. 特殊情况用水量

对特殊情况用水量应说明其转换原因、转换水量。

6.2.3.3 降水分析

根据《重庆市水资源公报》（2017年），2017年全市平均降水量1275.3 mm，折合年降水体积1050.8771亿 m³，比上年偏多3.11%，比多年平均降水量偏多7.70%，属平水年份。总体上全市呈现自西向东降水逐渐增多的趋势。

从流域分区来看，2017年年降水量最多的三个水资源三级区分别为丹江口以上、渠江和宜宾至宜昌干流，分别达1620.0 mm、1429.1 mm及1370.5 mm；而沱江流域最少，为763.3 mm，仅为降水量最多的丹江口以上三级区的47.12%。2017年重庆市年降水量流域分布非常不均匀，差异较大，见图6.2-1。

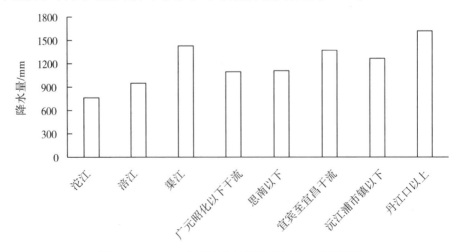

图6.2-1　2017年重庆市流域分区年降水量统计图

　　各区县2017年降水量差异也较为明显,其中前三位为巫溪县、奉节县及开州区,分别为2082.4 mm、1665.8 mm及1647.2 mm,均位于渝东北地区;后三位为荣昌区、大足区及永川区,分别为744.4 mm、785.5 mm、840.1 mm,均位于渝西地区。降水量最高的巫溪县(2082.4 mm)是最低的荣昌区(744.4 mm)的2.8倍。见图6.2-2。

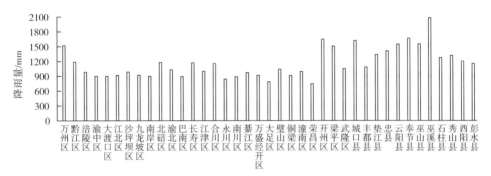

图6.2-2　2017年重庆各区县降水量统计图

　　通过距平与频率分析可以看出,2017年重庆市整体为平水年,但各区县降水频率介于2%—93%之间。渝东北片区年降水量异常丰富,如奉节县、巫溪县距平超过了40%;渝西片区年降水量较少,低于-20%距平的有荣昌区及大足区。2017年重庆市各区县的降水频率见图6.2-3和表6.2-5。

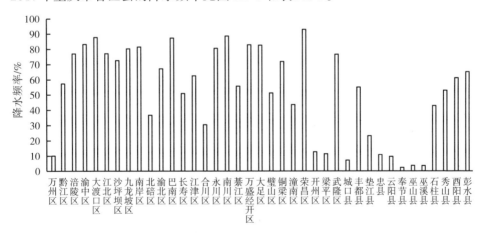

图6.2-3　2017年重庆市各区县降水频率统计图

表6.2-5　2017年重庆市各区县年降水量、距平、降水频率表

区县	年降水量/mm	距平/%	降水频率/%	区县	年降水量/mm	距平/%	降水频率/%
万州区	1522	24	10	璧山区	1038	0	51
黔江区	1190	-6	57	铜梁区	912	-12	72
涪陵区	980	-13	77	潼南区	990	2	44
渝中区	898	-16	83	荣昌区	744	-29	93
大渡口区	898	-18	88	开州区	1647	25	13
江北区	917	-12	77	梁平区	1508	23	11
沙坪坝区	983	-9	73	武隆区	1050	-12	77
九龙坡区	920	-13	80	城口县	1620	32	7
南岸区	898	-15	82	丰都县	1081	-3	55
北碚区	1181	4	37	垫江县	1337	12	23
渝北区	1029	-10	67	忠县	1410	21	11
巴南区	891	-18	87	云阳县	1549	24	10
长寿区	1173	-1	51	奉节县	1666	41	2
江津区	997	-7	63	巫山县	1551	31	4
合川区	1157	10	31	巫溪县	2082	49	4
永川区	840	-20	81	石柱县	1278	4	43
南川区	887	-17	89	秀山县	1320	0	53
綦江区	969	-3	56	酉阳县	1205	-7	61
万盛经开区	917	-14	83	彭水县	1157	-8	65
大足区	786	-23	83				

6.2.3.4 用水总量指标

根据6.2.3.2节水量转换方法,对农业灌溉用水量进行转换,将现状年实际农业灌溉用水量转换到多年平均用水量。根据资料核查结果,重庆市无2000年之后投产(或扩建)的火(核)电厂,不存在火(核)电用水的折算问题。从而可以得到2017年重庆市评价指标口径的用水总量,结果见表6.2-6。

表6.2-6 2017年重庆市现状年评价口径用水量情况表

分区		现状年丰枯状况			评价口径用水折减量				评价口径用水量				
		年降水量/mm	距平/%	降水频率/%	农业灌溉/亿m³	火(核)电直流冷却/亿m³	其他折减量/亿m³	合计/亿m³	农业用水量/亿m³	工业用水量/亿m³	生活用水量/亿m³	生态环境用水量/亿m³	总用水量/亿m³
水资源三级区	沱江	763	−26	88	0.2490			0.2490	0.9919	1.0208	0.7460	0.0258	2.7845
	涪江	949	−6	59	0.1461			0.1461	2.4605	1.9884	1.3104	0.0754	5.8346
	渠江	1429	16	22	−0.0911			−0.0911	0.8310	0.3668	0.3886	0.0288	1.6151
	广元昭化以下干流	1095	−1	52	0.0049			0.0049	1.5413	3.9662	4.5407	0.2189	10.2672
	思南以下	1109	−8	64	0.2593			0.2593	2.7820	1.8644	1.4246	0.0474	6.1184
	宜宾至宜昌干流	1371	16	25	−0.0968			−0.0968	15.3508	20.1530	11.6834	0.6785	47.8657
	沅江浦市镇以下	1266	−8	62	0.0395			0.0395	0.9908	0.7163	0.3933	0.0147	2.1151
	丹江口以上	1620	38	3	−0.0483			−0.0483	0.2100	0.0670	0.0972	0.0034	0.3776
行政分区	万州区	1522	24	10	−0.0185			−0.0185	1.4166	1.4160	1.0331	0.0608	3.9265
	黔江区	1190	−6	57	0.0267			0.0267	0.5787	0.2002	0.3023	0.0047	1.0859
	涪陵区	980	−13	77	0.2328			0.2328	0.9309	3.0765	0.7468	0.0518	4.8060
	渝中区	898	−16	83	0.0000			0.0000	0.0000	0.0422	0.7572	0.0151	0.8145
	大渡口区	898	−18	88	0.0038			0.0038	0.0081	0.2958	0.3749	0.0140	0.6928
	江北区	917	−12	77	0.0033			0.0033	0.0139	0.8220	0.9445	0.0285	1.8089
	沙坪坝区	983	−9	73	0.0283			0.0283	0.1184	0.8545	1.0619	0.0475	2.0823

表6.2-6(续)

分区	现状年丰枯状况			评价口径用水折减量				评价口径用水量				
	年降水量/mm	距平/%	降水频率/%	农业灌溉/亿m³	火(核)电直流冷却/亿m³	其他折减量/亿m³	合计/亿m³	农业用水量/亿m³	工业用水量/亿m³	生活用水量/亿m³	生态环境用水量/亿m³	总用水量/亿m³
九龙坡区	920	-13	80	0.0210			0.0210	0.1864	0.7910	1.2144	0.0330	2.2248
南岸区	898	-15	82	0.0035			0.0035	0.0136	0.8946	0.9108	0.0283	1.8473
北碚区	1181	4	37	-0.0073			-0.0073	0.3695	1.1250	0.7825	0.0549	2.3319
渝北区	1029	-10	67	0.0065			0.0065	0.2507	1.5562	0.9548	0.0430	2.8047
巴南区	891	-18	87	0.1113			0.1113	0.3346	0.7600	1.0099	0.0792	2.1837
长寿区	1173	-1	51	0.0006			0.0006	0.8392	2.1080	0.5570	0.0188	3.5230
江津区	997	-7	63	0.0431			0.0431	1.3656	5.3916	0.8039	0.0267	7.5878
合川区	1157	10	31	-0.1477			-0.1477	1.4519	0.8780	0.8616	0.0707	3.2622
永川区	840	-20	81	0.2466			0.2466	1.4530	0.7272	0.6097	0.0381	2.8280
南川区	887	-17	89	0.0731			0.0731	0.8674	0.4790	0.3855	0.0160	1.7479
綦江区	969	-3	56	0.0334			0.0334	1.0833	0.8924	0.4381	0.0172	2.4310
万盛经开区	917	-14	83	0.0162			0.0162	0.1027	0.4260	0.2183	0.0158	0.7628
大足区	786	-23	83	0.0555			0.0555	0.7798	0.5595	0.4950	0.0192	1.8535
璧山区	1038	0	51	0.0007			0.0007	0.4803	0.3245	0.3309	0.0820	1.2177
铜梁区	912	-12	72	0.1528			0.1528	0.7194	0.7876	0.4359	0.0243	1.9672
潼南区	990	2	44	-0.0196			-0.0196	0.8131	0.6897	0.3927	0.0279	1.9234
荣昌区	744	-29	93	0.2133			0.2133	0.4564	0.7084	0.3435	0.0106	1.5189

开州区	1647	25	13	-0.2445		-0.2445	1.5677	0.8930	0.6673	0.0265	3.1545
梁平区	1508	23	11	-0.1019		-0.1019	1.1795	0.2532	0.3161	0.0197	1.7685
武隆区	1050	-12	77	0.0288		0.0288	0.5716	0.2358	0.1913	0.0105	1.0092
城口县	1620	32	7	-0.0669		-0.0669	0.2838	0.0739	0.1183	0.0039	0.4799
丰都县	1081	-3	55	0.0052		0.0052	0.8521	0.1752	0.3057	0.0103	1.3433
垫江县	1337	12	23	-0.0457		-0.0457	1.0859	0.4985	0.3303	0.0830	1.9977
忠县	1410	21	11	-0.0391		-0.0391	0.3664	0.7493	0.3671	0.0178	1.5006
云阳县	1549	24	10	-0.1675		-0.1675	1.0249	0.3269	0.4013	0.0142	1.7673
奉节县	1666	41	2	-0.0540		-0.0540	0.5503	0.2140	0.3724	0.0153	1.1520
巫山县	1551	31	4	-0.0253		-0.0253	0.3495	0.0487	0.2280	0.0077	0.6339
巫溪县	2082	49	4	-0.0121		-0.0121	0.3654	0.0330	0.1912	0.0075	0.5971
石柱县	1278	4	43	-0.0038		-0.0038	0.4453	0.1500	0.2384	0.0132	0.8469
秀山县	1320	0	53	0.0045		0.0045	0.5897	0.6462	0.2906	0.0131	1.5396
酉阳县	1205	-7	61	0.0829		0.0829	0.6921	0.1220	0.2641	0.0047	1.0829
彭水县	1157	-8	65	0.0227		0.0227	0.4017	0.2136	0.2475	0.0092	0.8720
重庆市	1275	0	0	0.4626		0.4626	24.9595	30.4392	20.4948	1.0847	76.9781

133

从水资源三级区来看,受不同流域2017年降水频率不同的影响,各流域有的需要折减,有的需要折增。折减的流域有沱江、涪江、广元昭化以下干流、思南以下、沅江浦市镇以下,折增的流域有渠江、宜宾至宜昌干流及丹江口以上。通过折减后,全市总用水量为76.98亿m³,较公报统计口径的77.44亿m³减少了0.46亿m³。见表6.2-7。

表6.2-7　2017年重庆市水资源三级区评价口径用水量情况表(单位:亿m³)

分区	评价口径用水折减量	农业用水量	工业用水量	生活用水量	生态环境用水量	总用水量
沱江	0.2490	0.9919	1.0208	0.7460	0.0258	2.7845
涪江	0.1461	2.4605	1.9884	1.3104	0.0754	5.8346
渠江	−0.0911	0.8310	0.3668	0.3886	0.0288	1.6151
广元昭化以下干流	0.0049	1.5413	3.9662	4.5407	0.2189	10.2672
思南以下	0.2593	2.7820	1.8644	1.4246	0.0474	6.1184
宜宾至宜昌干流	−0.0968	15.3508	20.1530	11.6834	0.6785	47.8657
沅江浦市镇以下	0.0395	0.9908	0.7163	0.3933	0.0147	2.1151
丹江口以上	−0.0483	0.2100	0.0670	0.0972	0.0034	0.3776

从行政分区来看,在计算水平年时,以下区县需要折减,分别是黔江区、涪陵区、大渡口区、江北区、沙坪坝区、九龙坡区、南岸区、渝北区、巴南区、长寿区、江津区、永川区、南川区、綦江区、万盛经开区、大足区、璧山区、铜梁区、荣昌区、武隆区、丰都县、秀山县、酉阳县和彭水县。由于渝中区没有农业灌溉用水量及需要折算的火(核)电冷却用水量,故渝中区评价口径用水量没有折平。其余区县折增。最终折算后的用水量情况详见表6.2-8。

表6.2-8　2017年重庆市行政区评价口径用水量情况表(单位:亿m³)

分区	评价口径用水折减量	农业用水量	工业用水量	生活用水量	生态环境用水量	总用水量
万州区	−0.0185	1.4166	1.4160	1.0331	0.0608	3.9265
黔江区	0.0267	0.5787	0.2002	0.3023	0.0047	1.0859
涪陵区	0.2328	0.9309	3.0765	0.7468	0.0518	4.8060

续表

分区	评价口径用水折减量	农业用水量	工业用水量	生活用水量	生态环境用水量	总用水量
渝中区	0.0000	0.0000	0.0422	0.7572	0.0151	0.8145
大渡口区	0.0038	0.0081	0.2958	0.3749	0.0140	0.6928
江北区	0.0033	0.0139	0.8220	0.9445	0.0285	1.8089
沙坪坝区	0.0283	0.1184	0.8545	1.0619	0.0475	2.0823
九龙坡区	0.0210	0.1864	0.7910	1.2144	0.0330	2.2248
南岸区	0.0035	0.0136	0.8946	0.9108	0.0283	1.8473
北碚区	−0.0073	0.3695	1.1250	0.7825	0.0549	2.3319
渝北区	0.0065	0.2507	1.5562	0.9548	0.0430	2.8047
巴南区	0.1113	0.3346	0.7600	1.0099	0.0792	2.1837
长寿区	0.0006	0.8392	2.1080	0.5570	0.0188	3.5230
江津区	0.0431	1.3656	5.3916	0.8039	0.0267	7.5878
合川区	−0.1477	1.4519	0.8780	0.8616	0.0707	3.2622
永川区	0.2466	1.4530	0.7272	0.6097	0.0381	2.8280
南川区	0.0731	0.8674	0.4790	0.3855	0.0160	1.7479
綦江区	0.0334	1.0833	0.8924	0.4381	0.0172	2.4310
万盛经开区	0.0162	0.1027	0.4260	0.2183	0.0158	0.7628
大足区	0.0555	0.7798	0.5595	0.4950	0.0192	1.8535
璧山区	0.0007	0.4803	0.3245	0.3309	0.0820	1.2177
铜梁区	0.1528	0.7194	0.7876	0.4359	0.0243	1.9672
潼南区	−0.0196	0.8131	0.6897	0.3927	0.0279	1.9234
荣昌区	0.2133	0.4564	0.7084	0.3435	0.0106	1.5189
开州区	−0.2445	1.5677	0.8930	0.6673	0.0265	3.1545
梁平区	−0.1019	1.1795	0.2532	0.3161	0.0197	1.7685
武隆区	0.0288	0.5716	0.2358	0.1913	0.0105	1.0092
城口县	−0.0669	0.2838	0.0739	0.1183	0.0039	0.4799
丰都县	0.0052	0.8521	0.1752	0.3057	0.0103	1.3433
垫江县	−0.0457	1.0859	0.4985	0.3303	0.0830	1.9977
忠县	−0.0391	0.3664	0.7493	0.3671	0.0178	1.5006
云阳县	−0.1675	1.0249	0.3269	0.4013	0.0142	1.7673
奉节县	−0.0540	0.5503	0.2140	0.3724	0.0153	1.1520

续表

分区	评价口径用水折减量	农业用水量	工业用水量	生活用水量	生态环境用水量	总用水量
巫山县	−0.0253	0.3495	0.0487	0.2280	0.0077	0.6339
巫溪县	−0.0121	0.3654	0.0330	0.1912	0.0075	0.5971
石柱县	−0.0038	0.4453	0.1500	0.2384	0.0132	0.8469
秀山县	0.0045	0.5897	0.6462	0.2906	0.0131	1.5396
酉阳县	0.0829	0.6921	0.1220	0.2641	0.0047	1.0829
彭水县	0.0227	0.4017	0.2136	0.2475	0.0092	0.8720
重庆市	0.4626	24.9595	30.4392	20.4948	1.0847	76.9781

6.3 基于实物量指标的水资源承载现状评价

6.3.1 评价标准

根据《全国水资源承载能力监测预警技术大纲(修订稿)》,本研究水资源承载状况评价首先采用实物量指标进行单因素评价,评价方法为对照各实物量指标度量标准直接判断其承载状况,评价指标为用水总量指标、地下水开采量指标,划分严重超载、超载、临界状态及不超载的区域范围。评价标准见表6.3-1。

表6.3-1 水资源承载状况分析评价标准

评价指标	承载能力基线	承载状况评价			
		严重超载	超载	临界状态	不超载
用水总量 W	水资源可利用量 W_0	$W \geqslant 1.2W_0$	$W_0 \leqslant W < 1.2W_0$	$0.9W_0 \leqslant W < W_0$	$W < 0.9W_0$
地下水开采量 G	地下水开采量 G_0	$G \geqslant 1.2G_0$,或超采区浅层地下水超采系数 $\geqslant 0.3$,或存在深层承压水开采量,或存在山丘区地下水过度开采	$G_0 \leqslant G < 1.2G_0$,或超采区浅层地下水超采系数介于0—0.3之间,或存在山丘区地下水过度开采	$0.9G_0 \leqslant G < G_0$	$G < 0.9G_0$

注:超载——任一评价指标为超载。临界状态——任一评价指标为临界状态。不超载——所有评价指标均为不超载。

1.单指标评价

对于用水总量,$W \geqslant 1.2W_0$ 为严重超载,$W_0 \leqslant W < 1.2W_0$ 为超载,$0.9W_0 \leqslant W < W_0$ 为临界状态,$W < 0.9W_0$ 为不超载。

对地下水开采量,$G \geqslant 1.2G_0$,或超采区浅层地下水超采系数 $\geqslant 0.3$,或存在深层承压水开采量,或存在山丘区地下水过度开采,为严重超载;$G_0 \leqslant G < 1.2G_0$,或超采区浅层地下水超采系数介于0—0.3之间,或存在山丘区地下水过度开采,为超载;$0.9G_0 \leqslant G < G_0$ 为临界状态;$G < 0.9G_0$ 为不超载。

2.水量要素评价

严重超载:任一评价指标为严重超载(任一指标是指最不利的评价指标,即一项指标为超载,另一项指标为严重超载,则应判定为严重超载;若一项指标为超载,另一项指标为临界状态,则应判定为超载,下同)。

超载:任一评价指标为超载。

临界状态:任一评价指标为临界状态。

不超载:所有评价指标均为不超载。

6.3.2 水资源承载现状评价方法

6.3.2.1 水资源可利用量承载力评价方法

评价方法参照6.3.1节单指标评价法:对于用水总量,$W \geqslant 1.2W_0$ 为严重超载,$W_0 \leqslant W < 1.2W_0$ 为超载,$0.9W_0 \leqslant W < W_0$ 为临界状态,$W < 0.9W_0$ 为不超载。

6.3.2.2 用水总量控制指标承载现状评价方法

评价方法参照6.3.1节单指标评价法:对于用水总量,$W \geqslant 1.2W_0$ 为严重超载,$W_0 \leqslant W < 1.2W_0$ 为超载,$0.9W_0 \leqslant W < W_0$ 为临界状态,$W < 0.9W_0$ 为不超载。

6.3.3 用水总量指标的承载现状评价

6.3.3.1 水资源开发利用现状评价

根据第二次水资源调查评价、重庆市水资源开发利用及保护相关规划、重庆市水中长期供求规划、水资源公报、水利统计年鉴等,统计得到2017年重庆市水资源开发利用情况,见表6.3-2。

表6.3-2 2017年重庆市水资源开发利用现状表

行政区划	年水资源总量/亿m³	年水资源可利用量/亿m³	水资源可利用率/%	实际年供用水总量/亿m³	开发利用率/%
万州区	34.6033	9.6085	27.77	3.9080	11.29
黔江区	17.6807	4.0671	23.00	1.1126	6.29
涪陵区	13.3957	3.5158	26.25	5.0388	37.62
渝中区	0.0651	0.0260	40.00	0.8145	1250.89
大渡口区	0.2758	0.0766	27.77	0.6966	252.56
江北区	0.6714	0.2010	29.94	1.8122	269.92
沙坪坝区	1.4392	0.5757	40.00	2.1106	146.65
九龙坡区	1.4046	0.4490	31.96	2.2458	159.89
南岸区	0.9023	0.2506	27.77	1.8508	205.11
北碚区	4.2294	1.6918	40.00	2.3246	54.96
渝北区	6.2405	2.0293	32.52	2.8112	45.05
巴南区	5.8210	1.6163	27.77	2.2950	39.43
长寿区	8.2369	2.2872	27.77	3.5236	42.78
江津区	12.8052	3.5557	27.77	7.6309	59.59
合川区	12.6784	4.3806	34.55	3.1145	24.57
永川区	3.6996	1.1281	30.49	3.0746	83.11
南川区	11.6969	2.7939	23.89	1.8210	15.57
綦江区	10.4905	2.9129	27.77	2.4644	23.49
万盛经开区	2.4666	0.6849	27.77	0.7790	31.58
大足区	2.8957	1.0647	36.77	1.9090	65.93
璧山区	3.9966	1.2180	30.48	1.2184	30.49
铜梁区	4.1514	1.5761	37.97	2.1200	51.07
潼南区	6.0632	2.3020	37.97	1.9038	31.40
荣昌区	1.8615	0.6696	35.97	1.7322	93.05
开州区	42.8819	11.9072	27.77	2.9100	6.79
梁平区	17.3719	4.7611	27.41	1.6666	9.59
武隆区	16.6376	3.8272	23.00	1.0380	6.24
城口县	38.8951	9.3308	23.99	0.4130	1.06
丰都县	16.8476	4.6781	27.77	1.3485	8.00
垫江县	11.4883	3.1900	27.77	1.9520	16.99
忠县	18.5692	5.1562	27.77	1.4615	7.87
云阳县	36.7208	10.1964	27.77	1.5998	4.36

行政区划	年水资源总量/亿m³	年水资源可利用量/亿m³	水资源可利用率/%	实际年供用水总量/亿m³	开发利用率/%
奉节县	55.3500	15.3692	27.77	1.0980	1.98
巫山县	37.8479	10.5094	27.77	0.6086	1.61
巫溪县	81.6087	22.6606	27.77	0.5850	0.72
石柱县	24.0986	6.4737	26.86	0.8431	3.50
秀山县	21.5958	4.3202	20.00	1.5441	7.15
酉阳县	39.1598	8.4484	21.57	1.1658	2.98
彭水县	29.3014	6.7403	23.00	0.8947	3.05

重庆市 2017 年整体水资源可利用量为 176.25 亿 m³，用水总量为 77.44 亿 m³，平均水资源开发利用率 11.8%。总体上，水资源开发利用率与区域水资源量、社会经济发展情况比较吻合。其中，渝中区开发利用率最高，达到 1251.15%，主要受高度城市化、区域面积小、地表水源有限、过境水丰富等因素影响。巫溪县开发利用率最低，仅 0.72%，一方面是因为区域取水量较低，另一方面是因为 2017 年巫溪县的降水量达 2082.4 mm，是 2017 年全市降水量最多的区县。

6.3.3.2 水资源可利用量承载力现状评价

按照 6.3.1 节方法，对重庆市水资源可利用量承载力现状进行评价，评价结果见表 6.3-3。全市 2017 年水平年整体水资源可利用量为 176.2503 亿 m³，评价口径用水总量为 76.9781 亿 m³，承载状况为不超载。在各区县按照评价口径用水量的承载力状态评价结果中，水资源量分配极度不均。其中，涪陵区、渝中区、大渡口区、江北区、沙坪坝区、九龙坡区、南岸区、北碚区、渝北区、巴南区、长寿区、江津区、永川区、大足区、铜梁区、荣昌区 16 个区县属于严重超载；万盛经开区为超载；璧山区为临界；其余区县为不超载。承载状况最严重的为渝中区，承载系数达 31.33；承载状况最好的是巫溪县，承载系数仅 0.03。

表 6.3-3　2017 年重庆市水资源可利用量承载力现状评价结果

行政区划	年水资源总量/亿m³	年水资源可利用量/亿m³	年评价口径用水量/亿m³	承载系数	承载状况
全市	656.1464	176.2503	76.9781	0.44	不超载
万州区	34.6033	9.6085	3.9265	0.41	不超载
黔江区	17.6807	4.0671	1.0859	0.27	不超载

续表

行政区划	年水资源总量/亿m³	年水资源可利用量/亿m³	年评价口径用水量/亿m³	承载系数	承载状况
涪陵区	13.3957	3.5158	4.8060	1.37	严重超载
渝中区	0.0651	0.0260	0.8145	31.33	严重超载
大渡口区	0.2758	0.0766	0.6928	9.04	严重超载
江北区	0.6714	0.2010	1.8089	9.00	严重超载
沙坪坝区	1.4392	0.5757	2.0823	3.62	严重超载
九龙坡区	1.4046	0.4490	2.2248	4.96	严重超载
南岸区	0.9023	0.2506	1.8473	7.37	严重超载
北碚区	4.2294	1.6918	2.3319	1.38	严重超载
渝北区	6.2405	2.0293	2.8047	1.38	严重超载
巴南区	5.8210	1.6163	2.1837	1.35	严重超载
长寿区	8.2369	2.2872	3.5230	1.54	严重超载
江津区	12.8052	3.5557	7.5878	2.13	严重超载
合川区	12.6784	4.3806	3.2622	0.74	不超载
永川区	3.6996	1.1281	2.8280	2.51	严重超载
南川区	11.6969	2.7939	1.7479	0.63	不超载
綦江区	10.4905	2.9129	2.4310	0.83	不超载
万盛经开区	2.4666	0.6849	0.7628	1.11	超载
大足区	2.8957	1.0647	1.8535	1.74	严重超载
璧山区	3.9966	1.218	1.2177	1.00	超载
铜梁区	4.1514	1.5761	1.9672	1.25	严重超载
潼南区	6.0632	2.3020	1.9234	0.84	不超载
荣昌区	1.8615	0.6696	1.5189	2.27	严重超载
开州区	42.8819	11.9072	3.1545	0.26	不超载
梁平区	17.3719	4.7611	1.7685	0.37	不超载
武隆区	16.6376	3.8272	1.0092	0.26	不超载
城口县	38.8951	9.3308	0.4799	0.05	不超载
丰都县	16.8476	4.6781	1.3433	0.29	不超载
垫江县	11.4883	3.1900	1.9977	0.63	不超载
忠县	18.5692	5.1562	1.5006	0.29	不超载
云阳县	36.7208	10.1964	1.7673	0.17	不超载
奉节县	55.3500	15.3692	1.1520	0.07	不超载

行政区划	年水资源总量/亿m³	年水资源可利用量/亿m³	年评价口径用水量/亿m³	承载系数	承载状况
巫山县	37.8479	10.5094	0.6339	0.06	不超载
巫溪县	81.6087	22.6606	0.5971	0.03	不超载
石柱县	24.0986	6.4737	0.8469	0.13	不超载
秀山县	21.5958	4.3202	1.5396	0.36	不超载
酉阳县	39.1598	8.4484	1.0829	0.13	不超载
彭水县	29.3014	6.7403	0.8720	0.13	不超载

注:水资源总量和水资源可利用量均为重庆当地水资源量,用水量包括当地水资源量和过境水资源量。

6.3.3.3 用水总量控制指标承载现状评价

按照6.3.2节方法对重庆市进行用水总量控制指标承载现状评价,评价结果见表6.3-4。重庆市2017年用水总量控制指标为95.56亿m³,评价口径用水总量76.9781亿m³,用水总量承载状况为不超载。但是,由于各区县水资源量分配不均匀,降雨量、用水水平和经济发展水平不同,以区县为单元的评价结论仍存在一些差异。其中,渝中区、九龙坡区、合川区、大足区、璧山区、开州区、梁平区、垫江县、云阳县、奉节县、巫溪县和酉阳县12个区县处于临界状态,其余区县为不超载。承载系数最高的是开州区、云阳县和奉节县,为1.00;最低的是大渡口区,为0.47。

表6.3-4　2017年重庆市用水总量控制指标承载现状评价结果

行政区划	年水资源总量/亿m³	年用水总量控制指标/亿m³	年评价口径用水总量/亿m³	承载系数	承载状况
全市	656.1464	95.56	76.9781	0.81	不超载
万州区	34.6033	4.69	3.9265	0.84	不超载
黔江区	17.6807	1.27	1.0859	0.86	不超载
涪陵区	13.3957	6.08	4.8060	0.79	不超载
渝中区	0.0651	0.89	0.8145	0.92	临界
大渡口区	0.2758	1.47	0.6928	0.47	不超载
江北区	0.6714	2.63	1.8089	0.69	不超载
沙坪坝区	1.4392	2.80	2.0823	0.74	不超载
九龙坡区	1.4046	2.45	2.2248	0.91	临界

续表

行政区划	年水资源总量/亿m³	年用水总量控制指标/亿m³	年评价口径用水总量/亿m³	承载系数	承载状况
南岸区	0.9023	2.26	1.8473	0.82	不超载
北碚区	4.2294	2.94	2.3319	0.79	不超载
渝北区	6.2405	3.39	2.8047	0.83	不超载
巴南区	5.8210	2.83	2.1837	0.77	不超载
长寿区	8.2369	5.04	3.5230	0.70	不超载
江津区	12.8052	11.52	7.5878	0.66	不超载
合川区	12.6784	3.40	3.2622	0.96	临界
永川区	3.6996	3.90	2.8280	0.73	不超载
南川区	11.6969	2.63	1.7479	0.66	不超载
綦江区	10.4905	2.79	2.4310	0.87	不超载
万盛经开区	2.4666	0.92	0.7628	0.83	不超载
大足区	2.8957	1.99	1.8535	0.93	临界
璧山区	3.9966	1.25	1.2177	0.97	临界
铜梁区	4.1514	2.27	1.9672	0.87	不超载
潼南区	6.0632	2.15	1.9234	0.89	不超载
荣昌区	1.8615	1.97	1.5189	0.77	不超载
开州区	42.8819	3.15	3.1545	1.00	超载
梁平区	17.3719	1.92	1.7685	0.92	临界
武隆区	16.6376	1.13	1.0092	0.89	不超载
城口县	38.8951	0.62	0.4799	0.78	不超载
丰都县	16.8476	1.53	1.3433	0.88	不超载
垫江县	11.4883	2.15	1.9977	0.93	临界
忠县	18.5692	1.69	1.5006	0.89	不超载
云阳县	36.7208	1.72	1.7673	1.00	超载
奉节县	55.3500	1.12	1.1520	1.00	超载
巫山县	37.8479	0.72	0.6339	0.89	不超载
巫溪县	81.6087	0.67	0.5971	0.90	临界
石柱县	24.0986	0.97	0.8469	0.88	不超载
秀山县	21.5958	2.24	1.5396	0.69	不超载
酉阳县	39.1598	1.20	1.0829	0.91	临界
彭水县	29.3014	1.20	0.8720	0.73	不超载

6.3.4 重要河流水资源承载现状分析

6.3.4.1 三条重要河流开发利用情况

按照《全国水资源承载能力监测预警技术大纲(修订稿)》的要求,在得到重庆市各行政区用水总量控制指标承载现状评价结果后,还需对嘉陵江、沱江和汉江三条河流进行复核。根据第二次水资源调查评价、重庆市水资源开发利用及保护相关规划、重庆市水中长期供求规划、水资源公报、水利统计年鉴等,2017年重庆市重要河流开发利用情况见表6.3-5。

表6.3-5　2017年重庆市重要河流开发利用情况

河流名称	水资源总量/亿m³	水资源可利用量/亿m³	水资源可利用率/%	实际年供用水总量/亿m³	开发利用率/%
嘉陵江	51.1600	17.2126	33.64	17.7768	34.75
沱江	3.6000	1.2950	35.97	3.0335	84.26
汉江	25.9400	5.9642	22.99	0.3293	1.27

注:水资源总量和水资源可利用量均为重庆当地水资源量,供水量包括当地水资源量和过境水资源量。

由表6.3-5可知,嘉陵江、沱江和汉江水资源可利用率分别为33.64%、35.97%和22.99%。嘉陵江和沱江所在区域为重庆主城都市区,自产水资源较紧缺,区域调控能力较强,水资源可利用率相对较高。汉江所在区域为城口县,水资源较丰沛,调控能力较弱,水资源可利用率相对较低。

经计算,嘉陵江、沱江和汉江水资源开发利用率分别为34.75%、84.26%和1.27%。嘉陵江和沱江所在区域经济发展较好,水资源需求大,开发利用率较高。汉江所在的城口县,经济发展相对落后,水资源需求小,开发利用率较低。

6.3.4.2 水资源三级区水资源开发利用情况

对2017年重庆市水资源三级区河流水系开发利用情况进行分析,结果见表6.3-6。

表6.3-6　2017年重庆市水资源三级区河流水系开发利用情况

水资源三级区	水资源总量/亿m³	水资源可利用量/亿m³	水资源可利用率/%	实际年供用水总量/亿m³	开发利用率/%
沱江	3.6000	1.2950	35.97	3.0335	84.26
涪江	17.7000	6.7201	37.97	5.9807	33.79
渠江	20.6300	5.3612	25.99	1.5240	7.39
广元昭化以下干流	12.8282	5.1313	40.00	10.2721	80.07
思南以下	102.4974	23.5777	23.00	6.3799	6.22
宜宾至宜昌干流	432.6908	120.1470	27.77	47.7667	11.04
沅江浦市镇以下	40.2600	8.0539	20.00	2.1546	5.35
丹江口以上	25.9400	5.9642	22.99	0.3293	1.27

由表6.3-6可知,2017年重庆市水资源三级区中,开发利用率最高的是沱江,达84.26%;其次是广元昭化以下干流,达80.07%。这些区域2017年降水量较多年平均值偏少,但区域经济发展对水资源需求较大,且需求量并未减少,因而导致2017年流域水资源开发利用率较高。最低的是汉江水系的丹江口以上流域,仅为1.27%,这主要是由于该区域2017年降水量较为丰沛,经济发展又相对落后,对水资源需求较小且相对稳定。

6.3.5 三级区与行政区承载力联合评价结果

按照6.3.1节评价标准和6.3.2节评价方法,对水资源三级区和三级区套行政区的承载力进行计算,结果见表6.3-7和表6.3-8。

表6.3-7　2017年重庆市水资源三级区承载现状表

水资源分区			用水总量指标评价			水资源开发利用率		水资源可利用量		综合评价
一级	二级	三级	核定的用水总量/亿m³	评价口径的现状用水量/亿m³	承载状况	水资源总量/亿m³	水资源开发利用率/%	水资源可利用量/亿m³	承载状况	用水总量指标承载状况
长江流域	岷沱江	沱江	3.47	2.78	不超载	3.60	77.35	1.30	严重超载	不超载
	嘉陵江	涪江	7.15	5.83	不超载	17.70	32.96	6.72	不超载	不超载
		渠江	1.71	1.62	临界	20.63	7.83	5.36	不超载	不超载
		广元昭化以下干流	12.32	10.27	不超载	12.83	80.04	5.13	严重超载	不超载
	乌江	思南以下	7.29	6.12	不超载	102.50	5.97	23.58	不超载	不超载
	宜宾至宜昌	宜宾至宜昌干流	60.09	47.87	不超载	432.70	11.06	120.12	不超载	不超载
	洞庭湖水系	沅江浦市镇以下	3.02	2.12	不超载	40.26	5.25	8.05	不超载	不超载
	汉江水系	丹江口以上	0.50	0.38	不超载	25.94	1.46	5.96	不超载	不超载

表6.3-8 2017年重庆市水资源三级区套行政区开发利用情况

水资源分区			行政区划	三级区面积/km²	用水总量指标评价			水资源开发利用率		水资源可利用量		综合评价
一级	二级	三级			核定的用水总量/亿m³	评价口径的现状用水量/亿m³	承载状况	水资源总量/亿m³	水资源开发利用率/%	水资源可利用量/亿m³	承载状况	用水总量指标承载状况
长江流域	岷沱江	沱江	大足区	919	1.50	1.27	不超载	1.74	72.80	0.63	严重超载	不超载
			荣昌区	1079	1.97	1.52	不超载	1.86	81.60	0.67	严重超载	不超载
		涪江	潼南区	1585	2.15	1.92	不超载	6.06	31.72	2.30	不超载	不超载
			铜梁区	1342	2.27	1.97	不超载	4.15	47.39	1.58	严重超载	临界
			合川区	543	0.78	0.56	超载	5.34	10.54	2.03	不超载	不超载
			大足区	508	0.50	0.59	超载	1.16	50.81	0.44	严重超载	超载
			永川区	421	1.45	0.79	不超载	0.99	80.26	0.38	严重超载	不超载
	嘉陵江	渠江	城口县	915	0.12	0.10	不超载	12.96	0.79	3.37	不超载	不超载
			梁平区	447	0.47	0.44	临界	3.52	12.61	0.91	临界	临界
			合川区	772	1.12	1.07	临界	4.15	25.73	1.08	临界	临界
		广元昭化以下干流	合川区	1041	1.50	1.63	超载	3.18	51.21	1.27	严重超载	超载
			北碚区	755	2.94	2.33	不超载	4.23	55.13	1.69	严重超载	不超载
			渝北区	564	2.08	1.79	不超载	2.42	73.82	0.97	严重超载	不超载
		嘉陵江	江北区	38	0.47	0.32	临界	0.12	269.48	0.05	严重超载	超载
			渝中区	22	0.89	0.81	临界	0.07	1251.15	0.03	严重超载	临界
			沙坪坝区	383	2.80	2.08	不超载	1.44	144.68	0.58	严重超载	不超载
			九龙坡区	152	1.36	1.11	不超载	0.48	231.04	0.19	严重超载	不超载
			璧山区	202	0.28	0.18	不超载	0.89	20.80	0.35	不超载	不超载

流域	水系	分区	行政区									
长江流域	乌江	思南以下	西阳县	2989	0.42	0.96	严重超载	20.50	4.70	4.71	不超载	超载
			黔江区	2397	1.27	1.09	不超载	17.68	6.14	4.07	不超载	不超载
			彭水县	3903	1.20	0.87	不超载	29.30	2.98	6.74	不超载	不超载
			武隆区	2901	1.13	1.01	不超载	16.64	6.07	3.83	不超载	不超载
			涪陵区	941	1.47	0.95	不超载	4.28	22.23	0.98	临界	不超载
			南川区	2120	1.72	1.14	不超载	9.53	11.95	2.19	不超载	超载
			石柱县	543	0.08	0.10	严重超载	4.57	2.11	1.05	不超载	不超载
	宜宾至宜昌	宜宾至宜昌干流	江津区	3200	11.52	7.59	不超载	12.81	59.26	3.56	严重超载	不超载
			永川区	1155	2.45	2.03	不超载	2.71	75.05	0.75	严重超载	临界
			璧山区	710	0.97	1.03	超载	3.11	33.22	0.86	不超载	超载
			九龙坡区	291	1.09	1.11	超载	0.92	120.47	0.26	严重超载	临界
			大渡口区	94	1.47	0.69	不超载	0.28	251.18	0.08	严重超载	不超载
			江北区	176	2.16	1.49	不超载	0.55	269.42	0.15	严重超载	不超载
			渝北区	888	1.31	1.02	不超载	3.82	26.60	1.06	临界	不超载
			长寿区	1415	5.04	3.52	不超载	8.27	42.77	2.29	严重超载	不超载
			涪陵区	2005	4.61	3.85	不超载	9.17	42.28	2.53	严重超载	不超载
			丰都县	2901	1.53	1.34	不超载	16.85	7.97	4.68	不超载	不超载
			垫江县	1518	2.15	2.00	临界	11.49	17.39	3.19	不超载	不超载
			忠县	2184	1.69	1.50	不超载	18.57	8.08	5.16	不超载	不超载
			梁平区	1443	1.45	1.32	临界	13.85	9.56	3.85	不超载	不超载
			万州区	3457	4.69	3.93	不超载	34.60	11.35	9.61	不超载	不超载
			开州区	3959	3.15	3.15	超载	42.88	7.36	11.91	不超载	不超载

147

表6.3-8(续)

| 水资源分区 | | | 行政区划 | 三级区面积/km² | 用水总量指标评价 | | | 水资源开发利用率 | | | | 综合评价 |
一级	二级	三级			核定的用水总量/亿m³	评价口径的现状用水量/亿m³	承载状况	水资源总量/亿m³	水资源开发利用率/%	水资源可利用量/亿m³	承载状况	用水总量指标承载状况
长江流域	宜宾至宜昌	宜宾至宜昌干流	云阳县	3634	1.72	1.77	超载	36.72	4.81	10.20	不超载	超载
			奉节县	4087	1.12	1.15	超载	55.35	2.08	15.37	不超载	超载
			巫溪县	4030	0.67	0.60	超载	81.61	0.73	22.66	不超载	不超载
			巫山县	2958	0.72	0.63	不超载	37.85	1.67	10.51	不超载	不超载
			綦江区	2182	2.79	2.43	不超载	10.49	23.17	2.91	超载	不超载
			万盛经开区	566	0.92	0.76	不超载	2.476	30.93	0.68	超载	不超载
			南川区	482	0.91	0.61	不超载	2.17	28.09	0.60	严重超载	不超载
			巴南区	1830	2.83	2.18	不超载	5.82	37.51	1.62	严重超载	不超载
			南岸区	279	2.26	1.85	不超载	0.90	204.73	0.25	严重超载	不超载
	洞庭湖水系	沅江浦市镇以下	石柱县	2470	0.89	0.75	不超载	19.53	3.84	5.42	不超载	不超载
			酉阳县	2184	0.78	0.58	不超载	18.66	3.08	3.73	不超载	不超载
			秀山县	2450	2.24	1.54	不超载	21.60	7.13	4.32	不超载	不超载
	汉江水系	丹江口以上	城口县	2371	0.50	0.38	不超载	25.94	1.46	5.96	不超载	不超载

根据表6.3-7可知,在用水总量指标评价中,除渠江为临界状态外,其余三级区的承载状况均为不超载;在水资源可利用量指标评价中,沱江和嘉陵江的广元昭化以下干流出现严重超载。这是在未考虑流经各三级区的过境水和区域内各水利工程调蓄调度能力的前提下,进行相应指标评价的结果。如果综合考虑区域自产水资源量、过境水、区域内水利工程的调蓄调度能力,可满足三级区总体承载力,因此综合评价结果均为不超载。

对表6.3-8的评价结果进行分析,2017年重庆市水资源三级区套行政区开发利用情况相对较复杂。分述如下:

1.用水总量指标评价结果

首先,在53个评价单元中,重庆市只有极少数行政区的承载状况为严重超载。其中,酉阳县境内的乌江思南以下流域,其评价口径用水总量是用水红线总量控制指标的2.3倍。

其次,大足区的涪江流域,合川区的嘉陵江广元昭化以下干流,璧山区、九龙坡区、开州区、云阳县、奉节县、巫溪县的长江流域宜宾至宜昌干流处于超载状态。

最后,梁平区的渠江流域、合川区的渠江流域、渝中区的嘉陵江广元昭化以下干流、垫江县的长江流域宜宾至宜昌干流、梁平区的长江流域宜宾至宜昌干流,处于临界状态。

其余行政区域涉及的水资源三级区不超载。

2. 水资源可利用量评价结果

水资源可利用量评价是在考虑区域自产的可利用水资源量基础上进行的。评价结果表明,在53个评价单位中,沱江流域涉及的大足区、荣昌区,涪江流域涉及的铜梁区、大足区、永川区,嘉陵江广元昭化以下干流涉及的合川区、北碚区、渝北区、江北区、渝中区、沙坪坝区和九龙坡区,长江流域宜宾至宜昌干流涉及的江津区、永川区、九龙坡区、大渡口区、江北区、长寿区、涪陵区、巴南区和南岸区,处于严重超载状态。

长江流域宜宾至宜昌干流涉及的万盛经开区、南川区,处于超载状态。

渠江流域涉及的合川区、乌江思南以下流域涉及的涪陵区、长江流域宜宾至宜昌干流涉及的渝北区,处于临界状态。

其余行政区域涉及的水资源三级区不超载。

3.综合评价结果

综合考虑区域自产水资源量、各行政区内水利工程调蓄调度能力和区境过境水资源量,得出综合评价结果。53个评价单元的结果显示,在水资源三级区套行政区的情况下,2017年:涪江流域的大足区,嘉陵江广元昭化以下干流流域的合川区,乌江思南以下流域的酉阳县、石柱县,长江宜宾至宜昌干流流域的璧山区、云阳县、奉节县,承载状况为超载;涪江流域的铜梁区,渠江流域的合川区,嘉陵江广元昭化以下干流流域的渝中区,长江宜宾至宜昌干流流域的永川区、九龙坡区,处于临界状态;其余的承载状况为不超载。

6.3.6 水资源承载状况的空间分布

从水资源可利用量承载状况的分布来看,2017年全市水资源可利用量承载压力较大的区域集中在中心城区和渝西片区。从水资源三级区用水总量指标承载状况的分布来看,嘉陵江流域涪江、渠江、广元昭化以下干流、乌江流域思南以下的承载系数均超过0.8;沱江、长江沿线宜宾至宜昌干流、洞庭湖水系沅江浦市镇以下、汉江水系的丹江口以上的承载系数介于0.7—0.8之间。从区县用水总量指标承载状况的分布来看,全市渝西、渝东北承载压力较大,多个区县处于临界状态,渝东南除酉阳处于临界状态外,其余均为不超载。从承载系数上看,临界区县的变化值介于0.9—1.0之间,不超载区县的变化值介于0.47—0.89之间。

6.4 基于DPSIR的水资源承载能力评价

根据2.2.3节的相关内容,DPSIR概念模型是一种基于因果关系组织信息及相关指数的层次框架模型,由目标层、准则层和指标层构成。其中,准则层包括驱动力、压力、状态、影响及响应五大指标类型,涵盖经济、社会、环境、政策四大要素。准则层中的大类指标又包括多个与之关联的具体小指标。

驱动力是指导致水资源系统发生变化的自然和社会经济因素;压力是通过驱动力作用直接施加于水资源系统促使其变化的压力,主要是社会经济发展对水资源的需求指标;状态是指水资源系统在压力作用下所处的状态,主要为水资源系统满足用水需求的能力指标;影响是水资源系统的状态对社会经济、生活及人类健康的影响;响应是社会对水资源系统的开发利用采取的管理措施。

应用DPSIR概念模型进行水资源承载能力评价时,具体指标数量较多,涉及面广。为判断各指标对准则层的贡献,区分各指标对最终评价结果的影响程度,本部分以2003—2017年重庆市水资源承载能力状态为研究目标层,利用主成分分析法和综合权重法对指标层中的指标体系进行对比评价,再分别计算对应目标层得分,最后将通过两种评价方法得到的结果进行对比。

6.4.1 DPSIR模型体系

根据DPSIR模型的基本原理,确定本次目标层为2003—2017年重庆市水资源承载能力发展状况,准则层为驱动力、压力、状态、影响及响应五类指标,结合重庆市经济、社会、生态等特点选取适宜合理的具体评价指标,共计26项,如表6.4-1所示。其中,驱动力指标涵盖经济、水资源量、人口三类促使水资源系统变化的最原始指标;压力指标依据社会经济发展对水资源的需求、水资源利用方式、用水效率低等特点总结得出8项指标;状态指标包括水资源量现状、水资源利用现状两方面;影响指标选取了植被覆盖率、城市化率等指标;响应指标主要选取了重庆市对水资源系统的经济投入、管理措施方面的指标。

表6.4-1　DPSIR模型评价指标体系

准则层	指标层	单位
驱动力(D)	人均GDP(X_1)	万元
	人口密度(X_2)	人/km²
	降水量(X_3)	mm
	人均水资源总量(X_4)	m³
	单位GDP综合用水量(X_5)	m³
压力(P)	生产用水量(X_6)	m³
	生活用水量(X_7)	m³
	耗水率(X_8)	%
	生产耗水量(X_9)	m³
	生活耗水量(X_{10})	m³
	生态环境耗水量(X_{11})	m³
	废污水排放量(X_{12})	亿t
	生活污水排放量(X_{13})	万t

续表

准则层	指标层	单位
状态（S）	水资源利用率（X_{14}）	%
	非常规水资源利用率（X_{15}）	%
	万元工业增加值用水量（X_{16}）	m^3
	地表水资源量（X_{17}）	亿 m^3
	重复计算量（X_{18}）	亿 m^3
	大中型水库年末蓄水总量（X_{19}）	亿 m^3
影响（I）	植被覆盖率（X_{20}）	%
	污水处理率（X_{21}）	%
	饮用水源水质达标率（X_{22}）	%
	城市化率（X_{23}）	%
响应（R）	治理水土流失面积（X_{24}）	km^2
	环境保护投资占 GDP 的比例（X_{25}）	%
	生态环境用水比重（X_{26}）	%

6.4.2 指标分析方法

6.4.2.1 主成分分析法

主成分分析是一种对高维变量的降维处理技术。主要思想是把原来多个变量转化为少数几个综合指标,通常把转化生成的综合指标称为主成分,其中每个主成分都是原始变量的线性组合,且各个主成分之间互不相关。通过主成分分析得出的各准则层的主成分指标不依赖于原始指标中的几个,而是通过因子分析,更为全面科学地涵盖了可能影响驱动力、压力、状态、影响及响应的全部指标,能更加全面准确地反映水资源承载能力的变化。

对于有 n 年、p 个变量的样本的原始资料构造矩阵 $\boldsymbol{X}_{(n×p)}$,按如下方法计算主成分:

①对原始矩阵 $\boldsymbol{X}_{(n×p)}$ 进行标准化处理,得到新的数据矩阵:

$$\boldsymbol{Y}=(y_{ij})_{n×p} \qquad （公式6.4-1）$$

②建立标准化后的 p 项指标的相关系数矩阵:

$$\boldsymbol{R}=(r_{ij})_{p×p} \qquad （公式6.4-2）$$

③计算相关矩阵 R 的特征值及相应的特征向量 $\lambda_1 \geqslant \lambda_2 \geqslant \cdots \geqslant \lambda_p$，并使其从大到小排列；同时求得对应的特征向量 $u_1, u_2, \cdots, u_p$。

④计算贡献率 e_m、累计贡献率 E_m 和主成分荷载 z_m：

$$e_m = \frac{\lambda_i}{\sum_{i=1}^{p} \lambda_i} \qquad (公式6.4\text{-}3)$$

$$E_m = \frac{\sum_{j=1}^{m} \lambda_j}{\sum_{i=1}^{p} \lambda_i} \qquad (公式6.4\text{-}4)$$

$$z_m = \sum_{j=1}^{n} \sum_{i=1}^{p} u_{ij} y_{ij} \qquad (公式6.4\text{-}5)$$

其中，根据 $E_m \geqslant 85\%$ 来确定最终选取指标。

6.4.2.2 综合权重法

已有的确定评价指标权重的方法主要有两类，即主观赋权法和客观赋权法。主观赋权法是一类根据专家主观上对各指标的重视程度来确定权重的方法，如层次分析法（AHP）。客观赋权法主要依靠原始数据的信息量来决定权重，如熵值法、投影寻踪法等。主观赋权通常对专家要求较高，难以避免由于个人主观因素而导致权重的不合理性。客观赋权更易真实地反映出指标间的内在关系，但数据过少或不够准确，也会造成结果的不可靠性。因此，为了使指标权重既能符合实际情况，也能充分反映数据之间的关系，本研究在具体指标权重计算过程中，先分别选用层次分析法与熵值法计算指标权重，再考虑主客观相结合的方式来确定评价指标的综合权重，以平衡主客观赋权法各自的不足。

1. 层次分析法计算原则

①对 DPSIR 结构模型中的准则层和指标层使用对比矩阵和 1—9 标度法确定两两指标比较结果，构成判断矩阵。

②计算矩阵的最大特征值 $\lambda_{\max}$ 和该特征值下的特征向量 w。

③把特征向量标准化后得到各指标权重向量 w_w。

2. 熵值法

①采用 Z-Score 标准化方法对 n 年 p 项指标进行标准化计算：

$$y_{np} = \frac{x_{np} - \overline{x_p}}{S} \qquad (公式6.4\text{-}6)$$

公式6.4-6中,x_{np}为第p项指标在第n年的原始数据;$\overline{x_p}$为第p项指标的平均值;S为原始数据x_{np}的标准差。

②将指标值y_{np}平移变为y'_{np}消除负值,即$y'_{np}=y_{np}+Z$,Z为y_{np}中的最小值。

③计算第p项指标在第i年的值y'_{np}的比重R_{np}、熵值e_p:

$$R_{np}=\frac{y'_{np}}{\sum\limits_{n=1}^{i} y'_{np}} \qquad (\text{公式6.4-7})$$

$$e_p = -k\sum\limits_{n=1}^{i} R_{np}\ln R_{np} \qquad (\text{公式6.4-8})$$

公式6.4-8中,$k=1/\ln i$。由此可知,熵值e_p取值区间在$[0,1]$之间。

④计算各项指标的权重w_a:

$$w_a = \frac{1-e_p}{\sum\limits_{p=1}^{i}(1-e_p)} \qquad (\text{公式6.4-9})$$

根据熵的可加性,可利用指标层各指标的差异性系数,得到准则层各要素的差异性系数,从而得到准则层各要素的权重。

3.综合权重

1)计算差异程度系数R_{En}

$$R_{En}=\frac{2}{n}\left(1\cdot w_{a1}+2\cdot w_{a2}+\cdots+nw_{an}\right)-\frac{n+1}{n} \qquad (\text{公式6.4-10})$$

公式6.4-10中,n为指标个数;$w_{a1},w_{a2},\cdots,w_{an}$为通过熵值法计算得到的客观权重向量$\boldsymbol{w}_a$中各指标权重从小到大的重新排序。

2)计算修正系数t

$$t = R_{En}\cdot\frac{n}{n-1} \qquad (\text{公式6.4-11})$$

t值的选取取决于利用熵值法确定的指标客观权重向量$\boldsymbol{w}_a$的差异程度。当利用熵值法确定的各指标权重相等时,表明各指标在评价中所起的作用相等,指标之间不存在差异,R_{En}为0,则$t=0$;当$\boldsymbol{w}_a$中各指标权重相差很大时,可近似认为只有其中一项指标起作用,该指标权重近似为1,此时R_{En}近似为$\frac{n-1}{n}$,$t\approx1$,于是t的取值范围为$0\leqslant t<1$。

3）基于层次分析法和熵值法的权重结果

采取主客观综合的方式,确定最终评价的各指标综合指标权重w:

$$w = (1 - t)\boldsymbol{w}_w + t\boldsymbol{w}_a \qquad（公式6.4-12）$$

公式6.4-12中,$\boldsymbol{w}_w$为用层次分析法计算得到的主观指标权重向量;$\boldsymbol{w}_a$是用熵值法计算得到的客观指标权重向量。

6.4.3 指标计算结果

6.4.3.1 主成分分析法计算结果

运用主成分分析法处理重庆市2003—2017年水资源统计数据,计算各准则层主成分的特征值及贡献率,结果见表6.4-2。根据单因子得分与其特征值贡献率来确定主成分得分的加权平均值,见表6.4-3。根据表6.4-3的数据绘制各准则层主成分得分的加权平均值曲线图,见图6.4-1。

表6.4-2　准则层主成分的特征值及贡献率

准则层	主成分	特征值	贡献率/%	累计贡献率/%
驱动力	F_1	3.005	60.10	60.10
	F_2	1.439	28.78	88.89
压力	F_3	4.832	60.40	60.40
	F_4	1.968	24.60	85.01
状态	F_5	2.464	41.06	41.06
	F_6	1.593	26.54	67.61
	F_7	1.339	22.32	89.93
影响	F_8	3.478	86.95	86.95
响应	F_9	1.551	50.38	50.38
	F_{10}	1.146	38.20	88.57

表6.4-3　2003—2017年指标层主成分得分、得分加权平均值与综合得分表

年份	驱动力（D）			压力（P）			状态（S）				影响（I）	响应（R）			综合（Z）
	F_1	F_2	F_D	F_3	F_4	F_P	F_5	F_6	F_7	F_S	F_I (F_8)	F_9	F_{10}	F_R	F_Z
2003	-1.51	0.86	-0.75	-1.66	-0.30	-1.27	-1.26	0.45	2.50	0.54	-1.87	-1.72	-0.62	-1.25	-0.91
2004	-1.30	0.43	-0.74	-1.04	-0.22	-0.80	-1.04	0.22	1.48	0.34	-1.72	-0.87	-1.25	-1.03	-0.78

续表

年份	驱动力(D)			压力(P)			状态(S)				影响(I)	响应(R)			综合(Z)
	F_1	F_2	F_D	F_3	F_4	F_P	F_5	F_6	F_7	F_S	F_I (F_8)	F_9	F_{10}	F_R	F_Z
2005	−1.13	−0.31	−0.87	−1.23	−0.01	−0.88	−0.69	0.10	−0.24	−0.07	−1.29	−0.26	−1.09	−0.62	−0.74
2006	−1.25	−0.29	−0.94	−1.03	0.06	−0.71	−1.88	−0.53	−0.85	−0.08	−0.75	0.23	−0.87	−0.25	−0.54
2007	−0.60	1.42	0.06	−1.04	0.32	−0.64	−0.90	1.68	−1.64	−0.61	−0.39	0.53	−0.80	−0.04	−0.32
2008	−0.38	0.37	−0.14	0.46	−3.46	−0.68	−0.48	0.52	−1.02	−0.29	−0.03	−0.68	−0.99	−0.81	−0.39
2009	−0.24	−1.35	−0.60	0.05	0.47	0.17	−0.36	−1.29	−0.65	−0.10	0.13	1.67	−0.42	0.77	0.07
2010	0.06	−1.14	−0.33	−0.08	0.65	0.14	0.41	−1.15	−0.33	−0.14	0.31	1.38	−0.19	0.71	0.13
2011	0.37	−0.62	0.05	0.12	0.67	0.27	0.48	−0.55	−0.17	−0.08	0.50	1.78	−0.12	0.96	0.34
2012	0.55	−0.68	0.15	0.36	0.43	0.38	0.70	−0.70	−0.07	−0.08	0.68	−0.59	0.31	−0.20	0.18
2013	0.71	−1.02	0.15	0.41	0.52	0.44	0.72	−0.99	−0.10	−0.12	0.76	−0.75	0.55	−0.19	0.20
2014	1.01	1.24	1.09	0.69	0.38	0.60	1.28	1.32	−0.04	0.22	0.42	−0.53	0.92	0.09	0.48
2015	0.99	−1.19	0.28	0.99	0.29	0.79	0.83	−1.19	0.53	0.00	0.99	0.26	1.44	0.77	0.56
2016	1.30	0.85	1.15	1.43	0.09	1.04	1.00	0.77	0.33	0.19	1.08	−0.53	1.41	0.30	0.75
2017	1.41	1.43	1.41	1.58	0.09	1.15	1.18	1.37	0.28	0.29	1.18	0.09	1.72	0.79	0.96

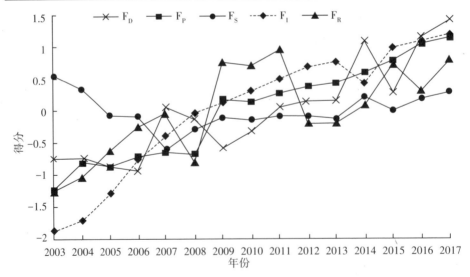

图6.4-1　各准则层主成分得分的加权平均值曲线图

由表6.4-3可知,在主成分分析法的计算结果中,主成分得分有正有负,正值说明被评价年份水资源承载力高于平均水平,负值则相反。从图6.4-1可以看出,2003—2017年期间,各准则层主成分得分整体上升,但不同年际间各准则层指标波动变化趋势又显示出差异性。

其中,驱动力准则层的得分总体呈上升趋势。分析重庆市水资源承载能力驱动力准则层的影响因子后发现,经济的快速发展必然会对水资源系统产生驱动力和明显影响,但人口的持续增长及经济发展的不确定性会导致驱动力在不同时段的得分略有波动。压力准则层的得分稳步上升,其主要原因是随着人民生活水平的日益提高,多样化的用水方式随之出现,单位用水需求也持续增加。这不仅对区域水资源承载能力造成压力,同时也驱使水资源承载能力的动力有所提升。状态准则层因子得分起伏较大,先呈下降趋势,在2007年后逐步上升,曲线涨幅与吕平毓等人研究的水资源系统得分相似,其水资源系统选用指标反映了重庆市本身水资源的丰富程度。结合2007年后社会经济发展态势,非常规水资源利用率逐渐提升,水库蓄水量逐渐增加,水资源承载能力状态逐步趋于稳定。影响准则层的得分逐年上升,仅在2014年有所下降,分析发现主要原因在于重庆市饮用水水质达标率在2014年仅为97.4%,而其他年份均保持在100%。这归因于重庆市相关部门的共同努力,人民环保意识逐渐增强,植被覆盖率、污水处理率、城市化率显著提高,提升了区域水资源承载能力空间。响应准则层涉及指标得分起伏较大,这主要是由于水土流失情况不仅与治理措施相关,还与计算年份发生的自然灾害破坏程度及与之对应的环保投资相关,如暴雨洪水引发的滑坡、崩塌等破坏事件具有随机不确定性,因而年际间波动较大。在2008—2015年,响应准则层指标与综合得分变化趋势不一致,说明这几年响应指标对综合得分的影响较其他年份更大,重庆市政府采取的水资源保护措施效果更为明显。根据各准则层的变化趋势,综合发现重庆市水资源承载能力发展状况良好,2016—2017年各准则层得分均为正值,综合得分在2009年之后均高于平均水平。

6.4.3.2 综合权重分析法结果

按照6.4.2.2节层次分析法(AHP)与熵值法的计算步骤,最终求得各准则层权重及综合权重,结果见表6.4-4。

表6.4-4　层次分析法、熵值法权重及综合权重值

准则层	指标层	层次分析法权重w_w	熵值法权重w_a	指标综合权重w	准则层综合权重
驱动力	人均GDP(X_1)	0.4174	0.1941	0.4116	0.2076
	人口密度(X_2)	0.0975	0.2101	0.1004	
	降水量(X_3)	0.2634	0.2079	0.2619	
	人均水资源总量(X_4)	0.1602	0.1970	0.1612	
	单位GDP综合用水量(X_5)	0.0615	0.1909	0.0649	
压力	生产用水量(X_6)	0.3280	0.1692	0.3119	0.3634
	生活用水量(X_7)	0.2319	0.1445	0.2231	
	耗水率(X_8)	0.0327	0.1073	0.0403	
	生产耗水量(X_9)	0.1065	0.1235	0.1083	
	生活耗水量(X_{10})	0.0713	0.1156	0.0757	
	生态环境耗水量(X_{11})	0.0479	0.1106	0.0542	
	废污水排放量(X_{12})	0.1585	0.1267	0.1553	
	生活污水排放量(X_{13})	0.0231	0.1027	0.0312	
状态	水资源利用率(X_{14})	0.1255	0.1649	0.1274	0.2166
	非常规水资源利用率(X_{15})	0.0664	0.1472	0.0705	
	万元工业增加值用水量(X_{16})	0.0387	0.1607	0.0448	
	地表水资源量(X_{17})	0.2369	0.1691	0.2335	
	重复计算量(X_{18})	0.4071	0.1920	0.3963	
	大中型水库年末蓄水总量(X_{19})	0.1255	0.1661	0.1275	
影响	植被覆盖率(X_{20})	0.3333	0.2374	0.3299	0.1302
	污水处理率(X_{21})	0.3333	0.2632	0.3308	
	饮用水源水质达标率(X_{22})	0.1667	0.2631	0.1701	
	城市化率(X_{23})	0.1900	0.2363	0.1916	
响应	治理水土流失面积(X_{24})	0.3121	0.3388	0.3123	0.0821
	环境保护投资占GDP的比例(X_{25})	0.4885	0.3311	0.4871	
	生态环境用水比重(X_{26})	0.1994	0.3301	0.2006	

　　通过层次分析法计算的权重结果表明,驱动力、压力、状态、影响及响应准则层中权重最大的分别是人均GDP、生产用水量、重复计算量、植被覆盖率和污水处理率(两者均占比0.3333)、环境保护投资占GDP的比例。而通过熵值法计算得到的准则层权重中,驱动力、压力、状态、影响及响应准则层中权重最大的分别为人口密度、生产用水量、重复计算量、污水处理率、治理水土流失面积。由此可见,在压力、状态、影响指标中,人为判断与客观数据侧重的影响因素较为一致。

在驱动力指标中,主观考虑重庆市作为我国西南地区和长江上游最大的经济中心城市,其经济发展对水资源系统的影响更为显著;而通过客观数据显示,人口密度对区域水资源承载能力的影响是不可忽略的。在响应指标中,主观权重中环境保护投资占GDP的比例权重较大,这是由于近年来重庆市政府越来越重视对水资源的保护以及不断加大在环境保护方面的投资,主观计算时更加注重近几年区域对水资源系统采取措施后所产生的影响;而客观权重计算注重整体数据的描述情况。比较层次分析法与熵值法计算结果发现,两者计算结果有一定区别,熵值法计算的各项权重值更加均匀,而层次分析法计算的各项权重值之间差异较大。两者之间的区别不仅说明了层次分析法反映了对区域水资源承载能力进行评价时更加侧重近几年表现情况的主观性,熵值法体现了仅从实际数据提取结果的客观性,更体现了仅从主观或客观评价区域水资源承载能力的不合理性与不准确性。

按照公式6.4-12计算,可得2003—2017年重庆市水资源承载能力综合评价结果,见表6.4-5。

表6.4-5　2003—2017年重庆市水资源承载能力综合权重评价结果

年份	驱动力	压力	状态	影响	响应	综合评价
2003	0.3943	0.3084	0.6163	0.0000	0.0628	0.3326
2004	0.3573	0.4278	0.5528	0.0492	0.2023	0.3724
2005	0.2916	0.4598	0.5210	0.1890	0.3387	0.3929
2006	0.2688	0.5117	0.0542	0.3737	0.4566	0.3397
2007	0.5264	0.5830	0.4243	0.4955	0.5258	0.5208
2008	0.4429	0.2516	0.4634	0.6178	0.2647	0.3860
2009	0.2685	0.8195	0.3765	0.6761	0.7907	0.5881
2010	0.3335	0.8059	0.5196	0.7407	0.7449	0.6323
2011	0.4425	0.8171	0.5490	0.8046	0.8255	0.6803
2012	0.4680	0.8045	0.5366	0.8654	0.3486	0.6471
2013	0.4681	0.8189	0.5437	0.8895	0.3286	0.6554
2014	0.7573	0.8302	0.7892	0.8008	0.3927	0.7664
2015	0.5159	0.8539	0.5751	0.9631	0.5926	0.7161
2016	0.7896	0.8707	0.6980	0.9909	0.4175	0.7949
2017	0.8850	0.8878	0.7619	1.0225	0.5688	0.8513

由表6.4-5可知,2003—2017年重庆市水资源承载能力得分总体呈波动上升趋势,2017年达最大值0.8513,说明这15年重庆市水资源承载能力呈良性发展态势,研究结果与黎明等人预测结果一致。由此也可预期,在未来一段时期内,重庆市水资源可以满足其经济社会的发展要求,短期内不会成为重庆市经济发展的主要限制因素;但节水型社会建设,可持续发展的各种政策、手段仍然必要,以持续保障区域水资源承载能力的良好状况。另外,综合权重计算结果表明,重庆市社会经济发展对水资源系统已产生显著压力,其中生产生活用水对水资源系统的要求较高,这与重庆市立足于西南地区主要经济发展城市、长江经济带重要节点等发展方向所产生的水资源需求相一致。

6.4.3.3 两种方法对比分析

在DPSIR模型框架下,将主成分分析法与综合权重法评价的综合结果进行对比,见图6.4-2。

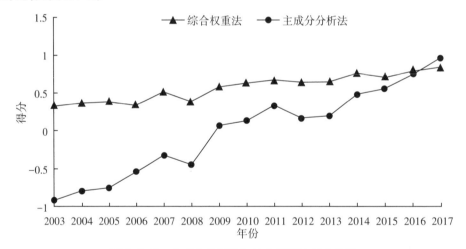

图6.4-2　主成分分析法与综合权重法得分曲线

主成分分析法计算结果为相对水平,得分有正有负,这是主成分变量系数计算中产生的正号、负号(无序变量)所指示的相应指标存在的有机联系。综合权重法计算结果为绝对水平,得分均为正值。这是两种计算方法在数值上的差异体现,但将其用于分析研究区域水资源承载能力变化趋势时并不矛盾。2003—2017年期间,两种方法评价得到的重庆市水资源承载能力得分总体均呈上升趋势。总体结果与吕平毓等人评价研究的2005—2014年重庆市水资源可持续利用综合得分具有一致性。

由图6.4-2可知,两种方法对比下,2005—2007年得分趋势存在略微差异,通过比较各准则层得分值发现,本次状态指标在2006年出现较大差异,其原因可能是2006年重庆市遭遇极端暴雨天气,地表水资源量达15年来最大值,使得主成分分析法中状态指标的第二主成分影响远大于非常规水资源利用率,评价得分在2005—2007年间呈持续增长趋势。由此也可推断,尽管主成分分析法和综合权重法在进行指标评价时的出发原则有所区别,但作为承载能力评价子系统的耦合计算方法,其计算结果具有较好的一致性,在实际工作中可根据需要选择方法。

通过主成分分析法与综合权重法对重庆市水资源承载能力进行评价分析,计算结果趋势一致,表明2003—2017年重庆市水资源承载能力逐步增强,在经济快速发展的同时,政府及人民对环境生态的保护意识也同步提升,区域水资源系统正在向可持续发展的方向前进。

6.5 水资源承载状况成因分析与对策

6.5.1 水资源禀赋

重庆市多年平均水资源总量为567.76亿 m^3,其中地表水资源量为567.76亿 m^3,地下水资源量为104.54亿 m^3,重复计算量为104.54亿 m^3,产水系数为0.58。入境重庆市的主要河流有长江、嘉陵江、乌江、酉水、任河等,主要支流有塘河、安居河、綦江、御临河、洪渡河、郁江等。出境河流主要为长江。全市多年平均年入境水量为3837亿 m^3,水量十分丰沛,但入境水量主要集中在长江、嘉陵江和乌江。2017年重庆市人均水资源量2134 m^3,耕地亩均水资源量为1500 m^3。全市水资源量地区分布不均,其中渝东北地区和渝东南地区人均水资源量分别为2386 m^3和4465 m^3,明显高于渝西地区的936 m^3和主城区的419 m^3,当地水资源量呈由东向西逐渐递减的趋势,水资源量年际变化较大,年内分布不均。

从水资源承载状况评价结果来看,2017年重庆各三级区内自产的水资源总量较2015年存在较大的变化,尤其是2017年沱江流域水资源总量仅占2015年水资源总量的 43.17%,嘉陵江广元昭化以下干流占 2015 年的 74.58%,宜宾至宜昌干流为 2015 年的 1.32 倍,其他三级区的水资源总量与 2015 年较为接近。水资源量年际变化显著。用水数据统计结果表明,实际产生的水资源用水总量整体较 2015 年减少。

6.5.2 经济社会发展

根据习近平总书记对重庆提出的"两点"定位、"两地"目标和"四个扎实"要求,坚持稳中求进工作总基调,坚定贯彻新发展理念,紧扣社会主要矛盾变化,按照高质量发展的要求,统筹推进"五位一体"总体布局,协调推进"四个全面"战略布局。

统计数据表明,重庆市 2017 年总常住人口 3075.16 万人,其中城镇人口 1970.68 万人,占常住人口比重(常住人口城镇化率)为 64.08%。全年外出市外人口 482.31 万人,市外外来人口 167.65 万人。全年实现地区生产总值 19500.27 亿元,比上年增长 9.3%。按产业分,第一产业增加值 1339.62 亿元,增长 4.0%;第二产业增加值 8596.61 亿元,增长 9.5%;第三产业增加值 9564.04 亿元,增长 9.9%。三次产业结构比为 6.9∶44.1∶49.0。随着各种资源配置进一步优化,各要素将进一步向全市各区域优化集聚。结合成渝地区双城经济圈建设,重庆市产业结构布局,预计渝西地区对水资源的需求还将进一步增加。

6.5.3 水资源开发利用

2017 年重庆市总供水量 77.4408 亿 m³。其中,地表水源供水量 76.1256 亿 m³,地下水源供水量 1.1475 亿 m³,其他水源供水量 0.1677 亿 m³,分别占总供水量的 98.30%、1.48% 和 0.22%。地表水源供水量中,蓄水工程供水量 33.3462 亿 m³,引水工程供水量 6.7982 亿 m³,提水工程供水量 35.8147 亿 m³,非工程供水量 0.1665 亿 m³,分别占地表水源供水总量的 43.80%、8.93%、47.05% 和 0.22%。2017 年重庆市总供水量与 2016 年相比减少 0.0422 亿 m³,减幅 0.05%。其中,地表水源供水量增加 0.21%,地下水源供水量减少 15.26%,其他水源供水量增加 2.51%。2017 年重庆市其他水源供水量仍略有增加,污水处理回用量、雨水利用量分别增加 4.08%、0.87%。

2017年全市总用水量77.4408亿 m³。其中,生产用水61.1187亿 m³,生活用水15.2374亿 m³,生态环境用水1.0847亿 m³,分别占总用水量的78.92%、19.68%、1.40%。生产用水中,第一产业、第二产业和第三产业用水分别为25.4221亿 m³、31.5840亿 m³和4.1126亿 m³,分别占总用水量的32.83%、40.78%、5.31%。2017年重庆市总用水量与2016年相比减少0.0422亿 m³,减幅0.05%。其中,生产用水量减少0.31%,生活用水量、生态环境用水量分别比2016年增加0.85%、1.71%。

按水资源二级区统计,岷沱江供用水量3.0335亿 m³,嘉陵江供用水量17.7768亿 m³,乌江供用水量6.3777亿 m³,长江流域宜宾至宜昌干流供用水量47.7689亿 m³,洞庭湖水系供用水量2.1546亿 m³,汉江水系供用水量0.3293亿 m³,占全市总供用水量的比例分别为3.92%、22.96%、8.24%、61.68%、2.78%、0.43%。

6.5.4 水环境污染

2017年重庆市监测的国家重要水功能区145个,河长3579.35 km。采用水功能区限制纳污红线主要控制项目对水环境质量进行评价,达标水功能区128个,占重要水功能区总数的88.28%;达标河长3385.10 km,占重要水功能区河长的94.57%。采用全因子对水环境质量进行评价,达标水功能区103个,占重要水功能区总数的71.03%;达标河长2556.00 km,占重要水功能区河长的71.41%。主要超标项目为氨氮、总磷和五日生化需氧量。因此,重庆市水功能区主要的污染物为营养类物质和耗氧物质,其次是有毒有机物及重金属类,油类物质和其他污染物则较少。现阶段,由磷、氮、碳等元素构成的营养类和耗氧有机物污染是重庆市水功能区水质管理的主要矛盾,在水环境保护与治理工作中,应予以重点关注。

从污染物来源上推断,氨氮、总磷和五日生化需氧量所指示的磷、氮、碳污染,主要来源于农业污染、工业污染和生活污水。例如,农业化肥过量施用导致的面源污染使磷素超标,工业污水和生活污水则导致氨氮超标,五日生化需氧量指示的有机耗氧类物质可能主要来源于生活污水。此外,许多污水处理厂在处理污水时会投放磷素,而出水水质达标排放却缺乏对总磷的严格要求,这也在一定程度上加重了下游地区的磷素污染。河流上过多的阻隔工程也在一定程度上影响了水体连通性和流动性,削弱了水体自净能力,容易对水体水质造成不良影响。

6.6 小结

本章从水资源管理核算和模型模拟两个层面出发,结合不同时间尺度,对重庆市水资源量的承载能力进行了评价。

按照《重庆市人民政府办公厅关于印发2016—2020年度水资源管理"三条红线"控制指标的通知》,重庆市实际用水总量低于用水总量控制目标。采用实物量指标进行单因素承载现状评价,结果表明2017年全市水资源可利用量总体处于可承载状态,但各行政区之间又存在一定差异。水资源分区套行政区计算结果表明,承载压力较大的区域集中在主城区及其周边少数区县和渝西片区多数区县。

基于DPSIR模型对近15年重庆市水资源承载能力进行评价的结果则表明,选用主成分分析法和综合权重分析法对重庆市水资源承载力进行评价,两种方法计算结果趋势基本一致,均可表明近15年重庆市水资源承载能力逐步增强。其中,整套指标评价体系可较为全面准确地反映重庆市水资源承载能力的变化情况。主成分分析法对准则层进行因子分析,提取指标层中更具代表性的指标,对DPSIR模型中筛选的指标层进行判断,建立简洁合理的指标层;利用层次分析法和熵值法分别对指标体系进行主客观赋权,两者优化组合后得出的指标权重更加合理。

无论是侧重于水资源管理角度的评价结果,还是基于模型的多年情况评价结论,均表明重庆市的水资源承载能力与丰富的水资源量、合理的经济发展布局、政府及人民对环境生态的保护意识提升、水资源开发利用程度高等因素有关。

由此可认为,区域水资源系统能够持续向可持续发展的方向前进。但评价结果同时显示,水环境污染问题仍然存在于部分河段,应加强污染源监控和治理,提高水环境质量,改善区域水环境状态。

第7章 | 重庆市水资源脆弱性评价

7.1 水资源脆弱性评价意义

基于我国水资源时空分布南多北少的特征,国内学者开展水资源脆弱性研究以来,主要聚焦于地下水问题突出或者北方缺水地区,对水量丰富的南方地区的水资源脆弱性问题研究较少。近些年,由于全球极端气候变化的影响,"南涝北旱"趋势加重,再加上随着区域经济发展,城市面积不断扩大,城镇人口不断增加,水资源形势愈加不容乐观。因此,对于南方城市而言,开展水资源脆弱性的相关研究工作就具备了时代意义。

重庆市多年平均地表水资源总量为567.8亿m³,加上丰富的过境水资源,相比于多年平均供水量80亿m³,其开发利用尚有一定空间。但本区域降水时空分布不均、年内年际变化较大,加上山高坡陡的地形条件,导致区境内人均水资源量只有全国平均水平的70%,世界水平的16%。闫建梅等研究表明,重庆市多年平均农业旱情指数I_a为0.54($I_a \in [0,4]$),短历时旱涝灾害频繁。2017年7月16日至8月7日的区域持续高温过程,持续时间达23天,综合强度达特重等级,为1961年以来综合强度历史第一;同年8月14日至23日又出现了一段区域高温过程,强度为重度;全市因高温干旱造成全市农作物受旱面积达99.8万亩,成灾面积27.6万亩,绝收面积2.9万亩,暴雨造成的灾害面积为45.72万亩,直接经济总损失11.84亿元。《2017年重庆市环境统计公报》公布的数据表明,全市纳入环境统计的污染源化学需氧量排放25.27万t,调查的全市50家纸制品相关企业排放废水3816.58万t。这一系列数据均表明,重庆市水资源具有时间分布不均匀、季节灾害性强的特征。

因此,本章基于重庆市水资源本底条件,采用熵权法构建水资源脆弱性评价指标体系,分别用集对分析法和模糊综合评价法进行水资源脆弱性评价,更进一步地了解重庆市水资源现状,探讨区域水资源脆弱性变化的主要影响因素,以期对缓解经济发展与水资源保护之间的矛盾,提出有效的水资源管理建议。

7.2 基于熵权法的指标体系构建

7.2.1 指标体系构建原则

在构建水资源脆弱性的评价指标体系时,主要有以下构建原则:

①科学性与完备性原则:选取的指标既能反映该区域的水资源现状,又能将影响其脆弱性的各种驱动因素包括在内。

②主导性和相互独立性原则:指标不仅能反映水资源脆弱性,而且要尽量做到一项指标反映一个信息。

③可操作性和可比性原则:指标可量化,以便对不同区域之间进行比较。

④区域性原则:因地制宜,根据评价区域的自然地理、社会经济等特征选取评价指标。

7.2.2 指标体系构建方法

在构建水资源脆弱性的评价指标体系时,较为常用的方法有层次分析(AHP)法、压力—状态—响应(PSR)模型以及由PSR衍生形成的驱动力—压力—状态—影响—响应(DPSIR)模型。其中,PSR模型是由20世纪80年代末经济合作与发展组织和联合国环境规划署共同开发的可持续发展政策分析概念模型,用于评价生态系统的可持续性。其中,压力指标指加在系统上面的负荷,是使水资源脆弱性显现的决定性因素;状态指标代表自然资源状况;响应指标是系统在面对扰动时自身表现出来的适应性,以及人类为减缓和避免该环境问题发生而采取的某些措施。该方法有非常清楚的因果关系,来自外界的压力指标使得系统状态发生改变,系统产生响应,同时人类为避免系统被破坏而采取措施。

由于水资源脆弱性是一个综合性评价指标,涉及水资源、社会经济、生态环境等多个系统的相互作用。因此,根据上述评价指标体系的构建原则,结合重庆市具体情况,本研究构建了基于压力—状态—响应三层子系统模式的水资源脆弱性评价指标体系,对应的分级标准见表7.2-1。

表7.2-1 重庆市水资源系统脆弱性评价指标体系和分级标准

子系统B	指标C		不脆弱 I	轻度脆弱 II	中度脆弱 III	重度脆弱 IV	极度脆弱 V
压力(B1)	年降水量	C_1/mm	(1100, 1600]	(800, 1100]	(400, 800]	(200, 400]	(0, 200]
	人均水资源量	C_2/m³	(3000, 8000]	(2300, 3000]	(1700, 2300]	(1000, 1700]	(100, 1000]
	水资源利用率	C_3/%	(0, 10]	(10, 25]	(25, 40]	(40, 60]	(60, 300)
	产水系数	C_4/%	>0.65	[0.40, 0.65)	[0.20, 0.40)	[0.10, 0.20)	<0.10
	产水模数	C_5/%	(112, 136]	(83, 112]	(58, 83]	(40, 58]	<40
	万元工业增加值用水量	C_6/m³	≤20	(20, 50]	(50, 150]	(150, 300]	>300
	农田灌溉亩均用水量	C_7/m³	≤200	(200, 300]	(300, 500]	>500	
状态(B2)	人口密度	C_8/(人·km^{-2})	<100	(100, 250]	(250, 400]	(400, 600]	>600
	生活用水定额	C_9/(L·人$^{-1}$·d^{-1})	≤120	(120, 150]	(150, 180]	(180, 220]	(220, 350]
	城市化率	C_{10}/%	≤30	(30, 45]	(45, 60]	(60, 85]	(85, 100]
	GDP增长速率	C_{11}/%	≤6.5	(6.5, 8.5]	(8.5, 10.5]	(10.5, 13]	>13
	人均GDP	C_{12}/万元	(5.00, 7.00]	(3.00, 5.00]	(1.00, 3.00]	(0.20, 1.00]	(0.05, 0.20]
响应(B3)	污水处理率	C_{13}/%	≥90	[70, 90]	[50, 70]	[30, 50]	<30
	植被覆盖率	C_{14}/%	≥60	[40, 60]	[20, 40]	[10, 20]	<10

7.2.3 指标权重确定

确定指标体系后,采用熵权法进行各指标权重的计算。熵权法是直接建立判断矩阵,避免了人为因素的干扰,更加客观合理。因此,本研究采用熵权法来确定各指标权重w_j,最后得到权重集W。具体计算过程如下:

指标本身数值的大小不能完全说明指标的优劣程度,而指标间由于单位和量纲的不同也不能直接比较,需要对各项指标进行归一化(标准化)处理。通常将评价指标分为经济型(正向)指标和成本型(逆向)指标,经济型指标值越大越好,成本型指标值则是越小越好。

$$r_{ij} = \frac{x_{ij} - x_{\min}}{x_{\max} - x_{\min}}(经济型指标值)或 r_{ij} = \frac{x_{\max} - x_{ij}}{x_{\max} - x_{\min}}(成本型指标值) \qquad (公式7.2-1)$$

公式7.2-1中,x_{ij}为第i年第j个评价指标值,$x_{\max}$、$x_{\min}$分别为指标x_{ij}的最大值和最小值,r_{ij}为标准化后的指标值。

各评价指标信息熵为:

$$H_j = \frac{\sum\limits_{i=1}^{n} f_{ij} \ln f_{ij}}{\ln n} \qquad (公式7.2-2)$$

公式7.2-2中,H_j为第j项指标的熵值,其中$f_{ij} = \dfrac{1 + r_{ij}}{\sum\limits_{i=1}^{n}(1 + r_{ij})}$。

权重集W和各指标权重w_j分别为:

$$W = (w_j)_{1 \times m} \qquad (公式7.2-3)$$

$$w_j = \frac{1 - H_j}{\sum\limits_{j=1}^{m}(1 - H_j)} \qquad (公式7.2-4)$$

公式7.2-3和公式7.2-4中,$w_j \in [0,1]$,各指标熵权之和为1。

按照以上计算步骤,求得重庆市水资源系统脆弱性评价指标体系的权重值,见表7.2-2。

表7.2-2　重庆市水资源脆弱性评价指标体系权重表

子系统B	指标名称 C		指标类型判定	指标权重
水资源系统(B1)	年降水量	C_1	经济型	0.063
	人均水资源量	C_2	经济型	0.064
	水资源利用率	C_3	成本型	0.085
	产水系数	C_4	经济型	0.063
	产水模数	C_5	经济型	0.066
	万元工业增加值用水量	C_6	成本型	0.066
	农田灌溉亩均用水量	C_7	成本型	0.098
社会经济系统(B2)	人口密度	C_8	成本型	0.081
	生活用水定额	C_9	成本型	0.065
	城市化率	C_{10}	成本型	0.074
	GDP增长速率	C_{11}	成本型	0.062
	人均GDP	C_{12}	经济型	0.083
生态系统(B3)	污水处理率	C_{13}	经济型	0.047
	植被覆盖率	C_{14}	经济型	0.083

根据表7.2-2的权重计算结果可知,农田灌溉亩均用水量(0.098)和水资源利用率(0.085)是对水资源脆弱性评价结果影响最大的两项成本型指标,人均GDP(0.083)和植被覆盖率(0.083)是对水资源脆弱性评价结果影响最大的两项经济型指标。

7.3 基于集对分析法的水资源脆弱性评价

7.3.1 计算原理

集对分析法是1989年赵克勤先生在全国系统理论会上提出的处理两个集合间确定和不确定关系的系统分析方法。集对,就是将在某一背景下具有一定联系的两个集合组成一个对子。集对分析法首先需要抽象出集对中2个集合各自的特性,例如评价指标与评价等级标准,然后比对这2个集合有哪些同一(相同)和对立(相反)的特性,再确定这2个集合有哪些差异(与同一有差异、与对立也有差异)的特性。开展集对分析的工具被称为联系度。

作为一种综合分析方法,集对分析理论被很多学者尝试用于研究水资源问题。潘争伟等用集对分析法建立了流域水安全评价模型,并在巢湖流域进行应用;刘锐等采用集对分析法对西北各省市的耕地生态安全水平进行差异比较;张倩等采用了集对分析法、模糊综合评价法以及投影寻踪模型三种方法对贵阳喀斯特地区的水资源脆弱性进行对比分析,发现集对分析更适合该地区的脆弱性评价。

采用集对分析法对水资源系统脆弱性进行评价,实质是比较评价指标与评价等级标准间的关联度,从而确定评价对象的脆弱性等级。具体计算步骤如下:

1.确定联系数表达式

集对分析模型的核心是构建联系数函数表达式,联系数越大,表明集合 A、B 越趋向于同一;越小,表明集合 A、B 越趋向于对立;接近 0 时,表明两个集合趋向于差异。设有联系的集合 A、B,其中:

A 有 n 项特性,$A=\{a_1,\ a_2,\ a_3,\ \cdots,\ a_n\}$;

B 也有 n 项特性,$B=\{b_1,\ b_2,\ b_3,\ \cdots,\ b_n\}$;

A 和 B 构成集对 $H(A,B)$,H 的联系度表达式为:

$$\mu = \frac{S}{n} + \frac{F}{n}i + \frac{P}{n}j \qquad (公式7.3-1)$$

公式 7.3-1 中,S 为两个集合共有的特性个数,F 为两个集合表现为差异的个数,P 为两个集合表现为对立的个数,且 $S+F+P=n$;

i 为差异系数,在 $[-1,1]$ 间取值,有时仅起差异标记作用;

j 为对立系数,取值 -1,有时仅起对立标记作用。

令 $a=\frac{S}{n}$,$b=\frac{F}{n}$,$c=\frac{P}{n}$,则公式 7.3-1 可写为:

$$\mu = a + bi + cj \qquad (公式7.3-2)$$

公式 7.3-2 中,a,b,c 分别表示集对 H 的同一度、差异度、对立度,且 $a+b+c=1$,$a,b,c \in [0,1]$。公式 7.3-1 和公式 7.3-2 被称为三元联系度(也称同异反联系度),当联系度取具体数值时,就称为联系数。

在实际应用中,对事物只做"一分为三"的划分不够细化,因此需要对上述公式进行不同程度的扩展,得到多元联系数。鉴于集对分析法在水资源脆弱性分

析上的应用已有五元联系数和七元联系数,结合参考文献和研究对象特征,本研究构建七元联系数,其表达式如下:

$$\mu = \left(a_1 + a_2\right) + \left(b_1 i_1 + b_2 i_2 + b_3 i_3\right) + \left(c_1 j_1 + c_2 j_2\right) \quad \text{(公式7.3-3)}$$

具体联系数计算式为:

$$\mu_{ij} = \begin{cases} \dfrac{x_{ij} - s_{1j}}{2\left(s_{0j} - s_{1j}\right)} + 0.5 + \dfrac{s_{0j} - x_{ij}}{2\left(s_{0j} - s_{1j}\right)} i_1 + 0 i_2 + 0 i_3 + 0 j_1 + 0 j_2 x_{ij} \in \text{Ⅰ级} \\[3mm] 0 + \dfrac{x_{ij} - s_{2j}}{2\left(s_{1j} - s_{2j}\right)} + 0.5 i_1 + \dfrac{s_{1j} - x_{ij}}{2\left(s_{1j} - s_{2j}\right)} i_2 + 0 i_3 + 0 j_1 + 0 j_2 x_{ij} \in \text{Ⅱ级} \\[3mm] 0 + 0 + \dfrac{x_{ij} - s_{3j}}{2\left(s_{2j} - s_{3j}\right)} i_1 + 0.5 i_2 + \dfrac{s_{2j} - x_{ij}}{2\left(s_{2j} - s_{3j}\right)} i_3 + 0 j_1 + 0 j_2 x_{ij} \in \text{Ⅲ级} \\[3mm] 0 + 0 + 0 i_1 + \dfrac{x_{ij} - s_{4j}}{2\left(s_{3j} - s_{4j}\right)} i_2 + 0.5 i_3 + \dfrac{s_{3j} - x_{ij}}{2\left(s_{3j} - s_{4j}\right)} j_1 + 0 j_2 x_{ij} \in \text{Ⅳ级} \\[3mm] 0 + 0 + 0 i_1 + 0 i_2 + \dfrac{x_{ij} - s_{5j}}{2\left(s_{4j} - s_{5j}\right)} i_3 + 0.5 j_1 + \dfrac{s_{4j} - x_{ij}}{2\left(s_{4j} - s_{5j}\right)} j_2 x_{ij} \in \text{Ⅴ级} \end{cases} \quad \text{(公式7.3-4)}$$

公式7.3-4中,$x_{ij}(i=1,2,3,\ldots,n; j=1,2,3,\ldots,m)$为第$j$项指标的第$i$个样本值,$s_{kj}(k=0,1,2,3,4,5)$为第$j$项指标的第$k$个标准节点值。

2.构建联系数矩阵

由公式7.3-4计算得到各指标联系数μ_{ij},并构成联系数矩阵$\boldsymbol{R}$。

$$\boldsymbol{R} = \mu_{ij} = \begin{bmatrix} \mu_{11} & \mu_{12} & \cdots & \mu_{1n} \\ \mu_{21} & \mu_{22} & \cdots & \mu_{2n} \\ \cdots & \cdots & \cdots & \cdots \\ \mu_{m1} & \mu_{m2} & \cdots & \mu_{mn} \end{bmatrix} \quad \text{(公式7.3-5)}$$

3.确定评价指标权重集W

采用层次分析法计算水资源系统脆弱性指标权重$W = [\omega_1, \omega_2, \cdots, \omega_m]$。

4.系统综合评价结果G

综合评价结果为联系数矩阵与评价指标权重集的积,表达式为:

$$G = \boldsymbol{WR} = [\ g_1,\ g_2,\ g_3,\ \ldots,\ g_n\ ] \quad \text{(公式7.3-6)}$$

$$\text{其中,} g_i = \sum_{j=1}^{m} w_j \mu_{ij} \quad \text{(公式7.3-7)}$$

公式7.3-7中,w_j为各指标权重值,由于g_i为公式7.3-7的缩写形式,考虑到差异度系数的影响,参考胡蓓琳等的参数取值,本研究取$i_1 = 0.5$,$i_2 = 0$,$i_3 = -0.5$,$j_1 = j_2 = -1$,进一步得到水资源脆弱性综合评价等级具体数值。

$$y_i = -2g_i + 3 \qquad\qquad (公式7.3-8)$$

由于$g_i \in [-1, 1]$，$y_i \in [1, 5]$，按照均匀原则，将最终评价的脆弱性等级划分为5个：

Ⅰ级：不脆弱($[1,2)$)；

Ⅱ级：轻度脆弱($[2,3)$)；

Ⅲ级：中度脆弱($[3,4)$)；

Ⅳ级：重度脆弱($[4,5)$)；

Ⅴ级：极度脆弱(5)。

7.3.2 计算结果

以2006年为例，该年份为计算时段的第四年，按公式7.3-4计算得到14项指标的联系数μ_{1j}，结果见表7.3-1。

表7.3-1 2006年单指标联系数μ_{1j}结果表

指标	联系数μ_{1j}	等级
C_1	$\mu_{11} = 0 + 0.216 + 0.5i1 + 0.284i2 + 0i3 + 0j1 + 0j2$	Ⅱ
C_2	$\mu_{12} = 0 + 0i1 + 0.255i2 + 0.5i3 + 0.245j1 + 0j2$	Ⅲ
C_3	$\mu_{13} = 0 + 0.486 + 0.5i1 + 0.014i2 + 0i3 + 0j1 + 0j2$	Ⅱ
C_4	$\mu_{14} = 0 + 0.2 + 0.5i1 + 0.3i2 + 0i3 + 0j1 + 0j2$	Ⅱ
C_5	$\mu_{15} = 0 + 0i1 + 0.171i2 + 0.5i3 + 0.329j1 + 0j2$	Ⅲ
C_6	$\mu_{16} = 0 + 0i1 + 0i2 + 0.463i3 + 0.5j1 + 0.037j2$	Ⅲ
C_7	$\mu_{17} = 0 + 0.415 + 0.5i1 + 0.085i2 + 0i3 + 0j1 + 0j2$	Ⅱ
C_8	$\mu_{18} = 0 + 0 + 0.04i1 + 0.5i2 + 0.46i3 + 0j1 + 0j2$	Ⅲ
C_9	$\mu_{19} = 0.033 + 0.5 + 0.467i1 + 0i2 + 0i3 + 0j1 + 0j2$	Ⅰ
C_{10}	$\mu_{20} = 0 + 0 + 0.443i1 + 0.5i2 + 0.057i3 + 0j1 + 0j2$	Ⅲ
C_{11}	$\mu_{21} = 0 + 0 + 0i1 + 0.16i2 + 0.5i3 + 0.34j1 + 0j2$	Ⅲ
C_{12}	$\mu_{22} = 0 + 0 + 0.101i1 + 0.5i2 + 0.4i3 + 0j1 + 0j2$	Ⅲ
C_{13}	$\mu_{23} = 0 + 0i1 + 0.366i2 + 0.5i3 + 0.134j1 + 0j2$	Ⅲ
C_{14}	$\mu_{24} = 0 + 0 + 0.3i1 + 0.5i2 + 0.2i3 + 0j1 + 0j2$	Ⅲ

同理可依次计算得出其余年份的单指标联系数，汇总计算得到公式7.3-5的联系数矩阵。根据公式7.3-6，得到对应年份的水资源脆弱性综合评价结果。2003—2018年重庆市水资源脆弱性单指标脆弱性等级评价结果列于表7.3-2，综合评价值y_i和评价等级见表7.3-3。

表7.3-2　2003—2018年重庆市水资源脆弱性综合评价结果（1）

指标	2003年	2004年	2005年	2006年	2007年	2008年	2009年	2010年	2011年	2012年	2013年	2014年	2015年	2016年	2017年	2018年
C_1	Ⅰ	Ⅰ	Ⅰ	Ⅱ	Ⅰ	Ⅰ	Ⅰ	Ⅰ	Ⅰ	Ⅰ	Ⅰ	Ⅰ	Ⅰ	Ⅰ	Ⅰ	Ⅰ
C_2	Ⅲ	Ⅲ	Ⅲ	Ⅲ	Ⅲ	Ⅲ	Ⅲ	Ⅲ	Ⅲ	Ⅲ	Ⅲ	Ⅲ	Ⅲ	Ⅲ	Ⅲ	Ⅲ
C_3	Ⅰ	Ⅰ	Ⅰ	Ⅰ	Ⅰ	Ⅰ	Ⅱ	Ⅱ	Ⅰ	Ⅰ	Ⅰ	Ⅰ	Ⅰ	Ⅰ	Ⅰ	Ⅰ
C_4	Ⅰ	Ⅰ	Ⅰ	Ⅱ	Ⅰ	Ⅰ	Ⅰ	Ⅰ	Ⅱ	Ⅱ	Ⅰ	Ⅱ	Ⅱ	Ⅱ	Ⅱ	Ⅱ
C_5	Ⅱ	Ⅲ	Ⅲ	Ⅳ	Ⅲ	Ⅲ	Ⅲ	Ⅲ	Ⅱ	Ⅱ	Ⅱ	Ⅱ	Ⅲ	Ⅲ	Ⅲ	Ⅲ
C_6	Ⅳ	Ⅳ	Ⅳ	Ⅳ	Ⅳ	Ⅳ	Ⅲ	Ⅲ	Ⅱ	Ⅱ	Ⅱ	Ⅱ	Ⅱ	Ⅱ	Ⅱ	Ⅱ
C_7	Ⅲ	Ⅲ	Ⅲ	Ⅲ	Ⅲ	Ⅲ	Ⅲ	Ⅲ	Ⅲ	Ⅲ	Ⅲ	Ⅲ	Ⅲ	Ⅲ	Ⅲ	Ⅲ
C_8	Ⅰ	Ⅰ	Ⅰ	Ⅰ	Ⅰ	Ⅰ	Ⅰ	Ⅰ	Ⅰ	Ⅰ	Ⅰ	Ⅰ	Ⅰ	Ⅰ	Ⅰ	Ⅰ
C_9	Ⅱ	Ⅱ	Ⅲ	Ⅲ	Ⅲ	Ⅲ	Ⅲ	Ⅲ	Ⅲ	Ⅲ	Ⅲ	Ⅲ	Ⅲ	Ⅲ	Ⅲ	Ⅲ
C_{10}	Ⅲ	Ⅳ	Ⅲ	Ⅳ	Ⅳ	Ⅳ	Ⅳ	Ⅳ	Ⅳ	Ⅳ	Ⅳ	Ⅲ	Ⅲ	Ⅲ	Ⅱ	Ⅲ
C_{11}	Ⅲ	Ⅱ	Ⅲ	Ⅱ	Ⅲ	Ⅱ	Ⅱ	Ⅰ	Ⅰ	Ⅰ	Ⅰ	Ⅰ	Ⅰ	Ⅰ	Ⅰ	Ⅰ
C_{12}	Ⅲ	Ⅳ	Ⅳ	Ⅲ	Ⅱ	Ⅱ	Ⅰ	Ⅰ	Ⅰ	Ⅰ	Ⅰ	Ⅰ	Ⅰ	Ⅰ	Ⅰ	Ⅰ
C_{13}	Ⅳ	Ⅳ	Ⅳ	Ⅲ	Ⅱ	Ⅱ	Ⅱ	Ⅰ	Ⅰ	Ⅰ	Ⅰ	Ⅰ	Ⅰ	Ⅰ	Ⅰ	Ⅰ
C_{14}	Ⅲ	Ⅲ	Ⅲ	Ⅱ	Ⅱ	Ⅱ	Ⅱ	Ⅱ	Ⅱ	Ⅱ	Ⅱ	Ⅱ	Ⅱ	Ⅱ	Ⅱ	Ⅱ

表7.3-3 2003—2018年重庆市水资源脆弱性综合评价结果(2)

年份	g_i	y_i	评价等级
2003	0.02+0.184+0.292i1+0.239i2+0.17i3+0.077j1+0.019j2	2.663	Ⅱ
2004	0.015+0.171+0.286i1+0.25i2+0.181i3+0.08j1+0.018j2	2.719	Ⅱ
2005	0.006+0.155+0.279i1+0.28i2+0.206i3+0.065j1+0.01j2	2.754	Ⅱ
2006	0.003+0.145+0.255i1+0.256i2+0.24i3+0.099j1+0.002j2	2.890	Ⅱ
2007	0.013+0.182+0.33i1+0.261i2+0.142i3+0.057j1+0.015j2	2.565	Ⅱ
2008	0.006+0.174+0.315i1+0.277i2+0.171i3+0.049j1+0.008j2	2.610	Ⅱ
2009	0+0.143+0.282i1+0.308i2+0.208i3+0.049j1+0.01j2	2.758	Ⅱ
2010	0+0.145+0.292i1+0.311i2+0.187i3+0.044j1+0.021j2	2.735	Ⅱ
2011	0.005+0.153+0.307i1+0.31i2+0.171i3+0.037j1+0.017j2	2.657	Ⅱ
2012	0+0.159+0.301i1+0.299i2+0.196i3+0.042j1+0.003j2	2.666	Ⅱ
2013	0.008+0.161+0.289i1+0.305i2+0.203i3+0.034j1+0j2	2.643	Ⅱ
2014	0.018+0.178+0.332i1+0.313i2+0.15i3+0.008j1+0j2	2.440	Ⅱ
2015	0.013+0.151+0.277i1+0.323i2+0.211i3+0.026j1+0j2	2.660	Ⅱ
2016	0.034+0.175+0.298i1+0.315i2+0.167i3+0.01j1+0j2	2.471	Ⅱ
2017	0.044+0.186+0.329i1+0.304i2+0.127i3+0.01j1+0j2	2.356	Ⅱ
2018	0.039+0.204+0.299i1+0.283i2+0.163i3+0.013j1+0j2	2.404	Ⅱ

根据表7.3-3,重庆市水资源脆弱性综合评价等级在2.356—2.890之间,属于轻度脆弱(Ⅱ级)。这与周森等人利用DPSIR模型对2001—2014年重庆市水资源脆弱性进行评价的结果类似。评价结果表明重庆市的水资源脆弱性等级较低,水资源开发利用程度整体不高,还有进一步开发利用的空间。

计算时段内,2006年的脆弱性评价等级数值最高,为2.890,接近中度脆弱;2017年的脆弱性评价数值最低,为2.356,仅为2006年的81.5%。对这两年的指标数据进行分析可知,2006年平均降水量为计算时段中最低,只有929.4 mm,比2003—2018年平均降水量1138.6 mm低18.4%;经济型指标也处于较低值,2017年平均降水量为计算时段中最高,为1275.3 mm,比2003—2018年平均降水量高出12.0%,是2006年降水量的1.37倍。由此引起的连锁反应是人均水资源量差异显著。2006年降水量偏少,而人均水资源量仅为1356.83 m³,2017年则为2142.92 m³,是2006年的1.58倍。比较这两个年份的其他经济型和成本型评价指标,相互差异相对较小,由此可认为降雨量是导致2006年和2017年脆弱性水平差距明显的主要因素,即年内来水量的多少会直接对水资源脆弱性等级产生影响。水资源脆弱性作为一个综合性指标,除了水资源量本身波动会改变其大小外,社会经济发展水平也是重要影响因素。

虽然在计算时段内,重庆市的水资源脆弱性整体水平尚可,均处于轻度脆弱等级,但年内各具体指标的脆弱性等级评价结果(表 7.3-2)表明,不同指标所处的评价等级并不相同。其中,评价指标万元工业增加值用水量在 2003—2008 年期间为重度脆弱,2009—2010 年为中度脆弱,2011 年以后为轻度脆弱。这充分表明,在计算时段内推行的各项政策措施对提升区域水资源承载能力有重要贡献。GDP 增长速率在 2017 年以前均处于重度脆弱和中度脆弱等级,这是受到了重庆市产业布局、产业供应链调整、工业经济结构优化的持续性影响。如近年来,化学药品原药、集成电路圆片、工业机器人、服务机器人和新能源汽车等代表性产品增长趋势强劲,外输性工业给本地水资源承载能力赋予压力。污水处理率的脆弱性状态在 2007 年以后显著好转,这主要受益于环境保护基础设施发挥作用,大量污水处理厂、污水管网工程的建设发挥作用,显著减少了污染物的排放,从而优化了污水处理率的脆弱性等级。

整体上,自 2011 年中央一号文件提出实行最严格的水资源管理制度,2012 年 2 月《国务院关于实行最严格水资源管理制度的意见》发布以来,为响应号召,重庆市政府在 2012 年发布了《重庆市人民政府关于实行最严格水资源管理制度的实施意见》,在国家和地方政策的有效施行下,重庆市水资源管理和保护工作取得重大进展,经济发展与生态资源之间的矛盾得到调节和缓和,人与自然的关系开始趋向和谐。因而在计算时段内,各评价指标的水资源脆弱性状况整体向好。

7.4 基于模糊综合评价法的水资源脆弱性评价

7.4.1 计算原理

模糊综合评价是基于模糊数学的评价方法,根据模糊变换和最大隶属度理论将定性评价转为定量评价,从而得到研究对象综合评价结果。具体计算步骤如下:

1.建立评价对象的因素集

$U=\{u_1, u_2, u_3, \cdots, u_m\}$,即有 m 项评价指标,u_i 为第 i 项指标,$i=1,2,\cdots,m$。

2.建立评价对象的评语(等级)集

$V=\{v_1, v_2, v_3, \cdots, v_n\}$,即水资源脆弱性划分为 n 个等级,v_j 为其中一个模糊子集,$j=1,2,\cdots,n$。根据脆弱性划分原则,这里 $V=$(不脆弱,轻度脆弱,中度脆弱,重度脆弱,极度脆弱),$n=5$。

3.计算模糊关系矩阵 R

该矩阵由隶属度 r_{ij} 构成:

$$R = r_{ij} = \begin{bmatrix} r_{11} & r_{12} & \cdots & r_{1n} \\ r_{21} & r_{22} & \cdots & r_{2n} \\ \cdots & \cdots & \cdots & \cdots \\ r_{m1} & r_{m2} & \cdots & r_{mn} \end{bmatrix} \qquad (公式7.4-1)$$

公式7.4-1中,隶属度 r_{ij} 指评价指标隶属于不同评价等级的程度,即隶属度矩阵 R。成本型指标脆弱性5个等级的计算规则如下:

$$r_{i1} = \begin{cases} 1 & x \leq v_1 \\ (v_2-x)/(v_2-v_1) & v_1 < x < v_2 \\ 0 & x \geq v_2 \end{cases} \qquad (公式7.4-2)$$

$$r_{i2} = \begin{cases} 0 & x \leq v_1 或 x \geq v_3 \\ (x-v_1)/(v_2-v_1) & v_1 < x < v_2 \\ (v_3-x)/(v_3-v_2) & v_2 \leq x < v_3 \end{cases} \qquad (公式7.4-3)$$

$$r_{i3} = \begin{cases} 0 & x \leq v_2 或 x \geq v_4 \\ (x-v_2)/(v_3-v_2) & v_2 < x < v_3 \\ (v_4-x)/(v_4-v_3) & v_3 \leq x < v_4 \end{cases} \qquad (公式7.4-4)$$

$$r_{i4} = \begin{cases} 0 & x \leq v_3 或 x \geq v_5 \\ (x-v_3)/(v_4-v_3) & v_3 < x < v_4 \\ (v_5-x)/(v_5-v_4) & v_4 \leq x < v_5 \end{cases} \qquad (公式7.4-5)$$

$$r_{i5} = \begin{cases} 0 & x \leq v_4 \\ (x-v_4)/(v_5-v_4) & v_4 < x < v_5 \\ 1 & x \geq v_5 \end{cases} \qquad (公式7.4-6)$$

$R = r_{ij} = \begin{bmatrix} r_{11} & r_{12} & \cdots & r_{1n} \\ r_{21} & r_{22} & \cdots & r_{2n} \\ \cdots & \cdots & \cdots & \cdots \\ r_{m1} & r_{m2} & \cdots & r_{mn} \end{bmatrix}$ 中,隶属度 r_{ij} 即为指标 u_i 对 v_j 等级的隶属度,v_j 与

7.3节中s_{kj}同值。对于经济型指标,只要将公式7.4-2—公式7.4-6右边参数范围的"<""≤""≥"分别改为">"">""≤",再计算即可。

4.计算模糊综合评价矩阵B

$$B = WR = (b_1,\ b_2,\ b_3,\ \cdots,\ b_n)\qquad\text{（公式7.4-7）}$$

$$b_j = \sum_{i=1}^{m} r_{ij} \cdot w_j \qquad\text{（公式7.4-8）}$$

公式7.4-8中,w_j为用熵权法计算得到的各指标权重值。

根据最大隶属度原则,$b_j' = \max\{b_j\}$,将矩阵B中最大值所属脆弱性等级作为该年份水资源脆弱性综合评价等级,根据表7.2-1得到对应的脆弱性等级。

7.4.2 计算结果

根据7.4.1节所列计算步骤,以2006年为例,计算得到的重庆市水资源脆弱性模糊关系矩阵R_{2006}为:

$$R_{2006} = \begin{bmatrix} 0.43 & 0.57 & 0.00 & 0.00 & 0.00 \\ 0.00 & 0.00 & 0.51 & 0.49 & 0.00 \\ 0.97 & 0.03 & 0.00 & 0.00 & 0.00 \\ 0.40 & 0.60 & 0.00 & 0.00 & 0.00 \\ 0.00 & 0.00 & 0.34 & 0.66 & 0.00 \\ 0.00 & 0.00 & 0.00 & 0.93 & 0.07 \\ 0.83 & 0.17 & 0.00 & 0.00 & 0.00 \\ 0.00 & 0.08 & 0.92 & 0.00 & 0.00 \\ 1.00 & 0.00 & 0.00 & 0.00 & 0.00 \\ 0.00 & 0.89 & 0.11 & 0.00 & 0.00 \\ 0.00 & 0.00 & 0.32 & 0.68 & 0.00 \\ 0.00 & 0.20 & 0.80 & 0.00 & 0.00 \\ 0.00 & 0.00 & 0.73 & 0.27 & 0.00 \\ 0.00 & 0.60 & 0.40 & 0.00 & 0.00 \end{bmatrix} \qquad\text{（公式7.4-9）}$$

由公式7.4-7可得到对应的模糊综合评价矩阵:

$B_{2006} = W \cdot R_{2006} = (0.063, 0.064, 0.085, 0.063, 0.066, 0.066, 0.098, 0.081, 0.065, 0.074, 0.062, 0.083, 0.047, 0.083)$

$b_{2006} = [\,0.282\quad 0.231\quad 0.292\quad 0.191\quad 0.005\,]$

由隶属度对应等级的判断法则$b_j' = \max\{b_j\}$,得到2006年水资源脆弱性为中度脆弱。

同理计算得到其余年份模糊综合评价值,依次为:

$$b_{2003}=[0.452 \quad 0.162 \quad 0.257 \quad 0.109 \quad 0.046]$$

$$b_{2004}=[0.394 \quad 0.195 \quad 0.266 \quad 0.125 \quad 0.046]$$

$$b_{2005}=[0.352 \quad 0.238 \quad 0.314 \quad 0.117 \quad 0.024]$$

$$b_{2007}=[0.343 \quad 0.327 \quad 0.215 \quad 0.101 \quad 0.026]$$

$$b_{2008}=[0.326 \quad 0.317 \quad 0.262 \quad 0.078 \quad 0.013]$$

$$b_{2009}=[0.266 \quad 0.314 \quad 0.333 \quad 0.050 \quad 0.017]$$

$$b_{2010}=[0.267 \quad 0.347 \quad 0.293 \quad 0.046 \quad 0.036]$$

$$b_{2011}=[0.284 \quad 0.387 \quad 0.262 \quad 0.058 \quad 0.030]$$

$$b_{2012}=[0.304 \quad 0.347 \quad 0.272 \quad 0.077 \quad 0.005]$$

$$b_{2013}=[0.320 \quad 0.324 \quad 0.292 \quad 0.058 \quad 0.000]$$

$$b_{2014}=[0.360 \quad 0.380 \quad 0.242 \quad 0.014 \quad 0.000]$$

$$b_{2015}=[0.313 \quad 0.315 \quad 0.325 \quad 0.045 \quad 0.000]$$

$$b_{2016}=[0.362 \quad 0.347 \quad 0.273 \quad 0.017 \quad 0.000]$$

$$b_{2017}=[0.389 \quad 0.391 \quad 0.203 \quad 0.017 \quad 0.000]$$

$$b_{2018}=[0.418 \quad 0.298 \quad 0.263 \quad 0.022 \quad 0.000]$$

由最大隶属度原则 $b_j'=\max\{b_j\}$,得到2003—2018年各年份的脆弱性等级。汇总结果表明,计算时段内不脆弱的有2003—2005、2007、2008、2016和2018年,共计7年;轻度脆弱的有2010—2014和2017年,共计6年;中度脆弱的有2006、2009和2015年,共计3年。

7.5 结果分析

7.5.1 结果对比分析

将计算时段内应用模糊综合评价法和集对分析法得到的水资源脆弱性评价结果进行汇总,见表7.5-1。

表7.5-1　2003—2018年重庆市水资源脆弱性评价结果表

年份	模糊综合评价结果		集对分析评价结果	
	b_j'	脆弱性等级	y_i	脆弱性等级
2003	0.452	不脆弱	2.663	轻度脆弱
2004	0.394	不脆弱	2.719	轻度脆弱
2005	0.352	不脆弱	2.754	轻度脆弱
2006	0.292	中度脆弱	2.890	轻度脆弱
2007	0.343	不脆弱	2.565	轻度脆弱
2008	0.326	不脆弱	2.610	轻度脆弱
2009	0.333	中度脆弱	2.758	轻度脆弱
2010	0.347	轻度脆弱	2.735	轻度脆弱
2011	0.387	轻度脆弱	2.657	轻度脆弱
2012	0.347	轻度脆弱	2.666	轻度脆弱
2013	0.324	轻度脆弱	2.643	轻度脆弱
2014	0.380	轻度脆弱	2.440	轻度脆弱
2015	0.325	中度脆弱	2.660	轻度脆弱
2016	0.362	不脆弱	2.471	轻度脆弱
2017	0.391	轻度脆弱	2.356	轻度脆弱
2018	0.418	不脆弱	2.404	轻度脆弱

由表7.5-1可知,用模糊综合评价法计算得出的脆弱性等级中有7个年份属于不脆弱,6个属于轻度脆弱,3个属于中度脆弱;而用集对分析法计算得到的都为轻度脆弱。两种方法对脆弱等级的识别有一定出入,但总体趋势一致,都体现了水资源脆弱性等级逐渐降低。

用模糊综合评价法计算得到的脆弱性等级不能实现很好过渡,例如2009、2015年为中度脆弱,但前后相邻年份为轻度脆弱或不脆弱;而在用集对分析法计算得到的脆弱性等级中,2009、2015年和其相邻年份都为轻度脆弱,只是程度有所不同,年与年之间没有脆弱性等级的频繁变化。相比模糊综合评价法,集对分析法得出的结论从自然环境的调节恢复和政府的水资源保护工作角度来说更为合理。考虑到最大隶属度原则在某些情况下会忽略其他指标的综合作用,造成信息损失,综合重庆市水资源时空分布特征和环境资源分布特征,本研究认为,采用集对分析法进行水资源脆弱性评价工作更为合理。

7.5.2 本章小结

为对重庆市水资源脆弱性等级做出合理评估,本研究采用熵权法计算评价指标权重值,同时选用集对分析法和模糊综合评价法计算重庆市2003—2018年的水资源脆弱性综合等级,得到以下结论:

第一,集对分析法计算结果表明,重庆市水资源脆弱性等级属于轻度脆弱,2003—2018年脆弱性等级数值整体上逐渐降低,最高是2006年,最低是2017年。这说明重庆市水资源脆弱性程度不高且水资源状况逐渐向好,水资源开发利用率尚有提高的空间。

第二,对模糊综合评价结果中出现水资源脆弱性等级变化的2009、2015年及其相邻年份做单指标脆弱性分析,发现某些指标等级处于中度脆弱,还有部分指标发生大幅波动而接近或达到中度脆弱,因此导致了2009、2015年的脆弱性等级明显上升。进一步分析发现,发生脆弱性等级变动的指标主要是压力性指标,状态性指标和响应性指标各有一个。因此,在实际工作中要加强对水资源量的调控适应能力,同时提高用社会经济和技术手段解决水资源短缺问题的能力。

第三,虽然评价时期内,重庆市水资源脆弱性整体情况尚可,但许多指标(人均水资源量、产水模数、万元工业增加值用水量、人口密度、城市化率、GDP增长速率)已经处于或接近中度脆弱状态。这说明社会经济发展对区域水资源的可持续承载能力发出了信号,在水资源的开发利用过程中,必须继续执行最严格的水资源管理制度,采取各种有效措施和建议,将重庆市水资源系统的脆弱性等级维持在较低水平。

第四,通过比较模糊综合评价法的计算结果与集对分析法的计算结果,可以看出两者的脆弱性评价结果有部分相似,但用模糊综合评价法得到的年与年之间脆弱性等级跳跃太大,而用集对分析法得到的结果从自然环境的调节恢复和政府的水资源保护工作角度来说更为合理。因此,相比模糊综合评价法,采用集对分析法进行水资源脆弱性评价工作更为适宜。

集对分析模型是近些年兴起的水资源脆弱性评价方法,在处理系统之间和系统内部的不确定性上有很好的应用前景;但也存在一些缺点,例如针对"集对分析"的严格数学法则、"集对"的数学本质、"联系度"的数学结构等理论问题,今后还需开展更深入的研究。

第8章 | 重庆市水资源可持续发展策略

8.1 基于供给侧优化措施

水资源的供给侧优化是指在"节水优先、空间均衡、系统治理、两手发力"的新时期水利工作方针下,坚持"以水定城、以水定地、以水定人、以水定产",把水资源作为最大的刚性约束,对可开发利用的水资源进行科学核算,严格控制水资源开发,全面提升水资源利用效率。

首先,前述章节的水资源承载能力、水资源脆弱性评价结果均表明,部分区县用水供需矛盾较突出。缺水主因已由供给不足转变为承载不足。渝西部分行政区既存在资源性缺水现象,又可能面临经济社会发展不均衡导致的水资源承载能力超载问题。

其次,从水资源开发利用与污染状况来看,部分河流水资源开发利用率较高,河流水环境质量面临较大的需求压力。

最后,受全球气候变化和区域内频繁人类活动的共同影响,各流域径流年际变化较大,尤其是连续枯水期,造成生态流量不足型生态损害、生境萎缩型生态损害和复合型生态损害。

当前,经济社会发展面临前所未有的挑战。水资源的供给侧应当突出节水优先这个关键,通过全产业、全过程、全人群三个维度的系统发力,合理规划人口、城市和产业发展,以水资源的最大刚性约束抑制不合理的用水需求,推动形成绿色生产生活方式和消费模式。因此,可考虑通过施行以下措施来提升区域水资源的可持续性:

第一,总量强度须双控。坚持严字当头,全面推进节水型社会建设,摒弃传统开源为主的观念,严格控制无序调水,实施深度节水控水行动。继续推行最严格的水资源管理制度,统筹江河湖泊的水量分配,明确区域用水总量控制指标、生态流量管控指标、水资源开发利用和地下水监管指标,把用水总量和强度双控作为节水的关键举措。针对资源性缺水和工程性缺水,通过水利工程的建设管理、水土保持工程来调控水资源的时空分布不均匀性、加大雨水等非常规水资源利用、提高水资源的有效利用率;重视生态环境保护,保护好生态环境、涵养水源,从整体上降低成本,从长远意义上提升重庆市水资源承载能力。

第二,节水技术宜创新,同时大力宣传节水意义,增强公众节水意识。应大力发展各行业节水技术,围绕用水计量、灌溉高效、漏损防控等重点领域,加强对节水产品技术、工艺装备的研究。攻关一批关键节水技术,以水网、信息网和服务网"三网"融合和提升为着力点,结合管理创新,提高各行业用水的效率与效益。推广节水技术、节水器具,降低城乡居民生活用水综合定额;切实转变用水方式,不断提高水资源利用效率和效益,大力发展农业节水,加强灌区节水改造和田间高效节水灌溉,提高农业节水水平;积极推进工业节水技术改造,合理调整经济布局和产业结构,限制高耗水产业的发展,大力发展低耗水产业,从而提高水资源承载能力;通过加大节水投入,采取工程、技术、经济、行政等措施降低工业万元产值用水量和农业用水量;在加大治污力度的基础上,加大污水处理回用力度,提高水资源的利用率。

第三,市场机制应发力。根据各行政区的水资源禀赋和水资源承载能力,优化当地经济产业结构和布局,强化水资源的集约利用。加快水权、水市场化改革,以节水定额标准体系为基础,建立反映市场供求、水资源稀缺程度和供水成本的水价形成机制。

第四,助力乡村振兴。加快补齐农村的防洪、供水和生态修复的短板弱项,大力实施农村防洪提升工程、中小水库除险加固工程、农村饮水安全巩固提升工程、农村污水治理工程,奋力解决农村涉水基础设施薄弱、民生水利发展滞后的问题,凝心聚力全面推进乡村振兴。

8.2 基于结构优化措施

水的承载空间决定了经济社会发展空间。坚持实行水资源消耗总量和强度双控,遏制不合理用水现象。刚性增长的用水需求与恢复中的生态环境,都更加依赖强有力的水资源保障,必须推进落实"四水四定"原则,把各行业用水控制性指标作为刚性约束,引导产业结构优化调整,以集约、节约和安全利用,支撑重庆生态保护与经济社会高质量发展。

以水定地、以水定产,就是要从实际出发,精打细算用好水资源,深度实施农业节水增效、工业节水减排,更重要的是实现种植结构优化,引导工业走内涵式增长模式。

在目前的水资源空间格局背景下,构建新的配水体系将给产业发展带来新的影响。根据《2020年重庆市国民经济和社会发展统计公报》,重庆市三次产业结构比为7.2:40.0:52.8。随着城市提升行动计划持续推进,保障和改善民生、生态优先绿色发展等行动计划稳步实施,应从水资源供需两端入手,创新水权交易机制,完善财税引导和激励政策,建立生态产品价值实现机制,等等,这些措施都将在"四水四定"的进一步实施中发挥积极保障作用。

水价机制是均衡水资源利用的经济杠杆。2020年,《国家发展改革委、财政部、水利部、农业农村部关于持续推进农业水价综合改革工作的通知》提出,加快推进农业水价综合改革,健全节水激励机制。2021年,国家发展改革委、住房和城乡建设部修订印发《城镇供水价格管理办法》和《城镇供水定价成本监审办法》,要求加快建立健全以"准许成本加合理收益"为基础,有利于激励提升供水质量、促进节约用水的价格机制。两个办法的修订出台,有助于进一步规范城镇供水价格管理,提高价格监管的科学化、精细化、规范化水平,保障供水、用水双方合法权益,促进城镇供水事业健康发展,节约和保护水资源。无论是农业水价综合改革,还是城市供水价格规范,其目的都是充分利用经济杠杆促进用水结构优化。

8.3 基于管理制度的优化措施

8.3.1 水资源承载能力监测预警机制

8.3.1.1 预警内容

金菊良等将水资源承载力预警定义为：某一时期内，在对区域水资源承载力现状进行客观评价的基础上，选定与水资源承载力发展规律紧密相关的警情指标和警兆指标作为预警指标，根据区域生态环境和社会经济可持续发展要求划定针对这些指标的警戒阈值；同时对未来某段时间的水资源承载力系统状况进行预测，利用警戒阈值判断区域水资源承载力未来状况是否处于警戒状态并对危害发生可能性和程度进行预判，据此向水管理部门发出不同等级的示警信号，并施以相应的调控措施。通过揭示水资源—社会经济—生态环境复合系统间各要素的相互作用机制，指出水资源预警是一种更高层次意义上的预测和评价。水资源承载能力预警包括预警指标、警戒阈值、预测、评价危害范围及程度、调控措施。预警的科学过程就是通过总结以往系统的发展规律，对已选定的预警指标划定一定的警戒阈值；同时在系统变化趋势预测基础上，利用警戒阈值对警情的危害范围和程度进行判断，以此向关联方发出不同的示警信号，为其能及时采取调控措施从而减轻相关损失提供参考。

在实际工作中，水资源承载能力监测预警应将预警信息及时反馈给各区县、市级水行政主管部门和流域机构的主要领导、分管领导、业务部门负责人和业务经办人等相关人员。预警信息内容包括水资源承载能力监测区位、水资源承载能力实时状态、水资源承载能力变化趋势、引起水资源承载能力变化的原因，以及预警级别等。

8.3.1.2 预警标准

水资源承载能力预警的主要内容是明确相应的指标体系以及确定相应的水资源承载能力预警阈值或区间。应以最严格水资源管理制的"三条红线"为核心，探索利用承载力指标进行"水资源、人、地、城、产"管制的途径和方法，拓展水资源承载能力预警阈值与区间体系，建立统一规范的红线体系。

按照水资源承载能力实时状态的紧急程度、发展势态和可能造成的危害程度，可将预警标准分级，分别用不同颜色标示。

8.3.1.3 监测预警体系设计

水资源承载能力监测预警体系需要涵盖监测技术体系、预警评估技术体系、信息传输发布体系、法律法规体系、资金人力保障体系等多个方面。整个体系大体上可以分为监测层、预警层、决策层、反馈层等，监测预警内容包括分区用水量、分区现状评价口径用水量、分区供水量表，总体框架见图8.3-1。

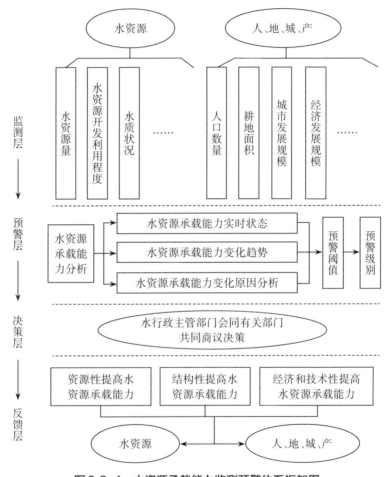

图8.3-1　水资源承载能力监测预警体系框架图

水资源承载能力监测预警基本流程：

①对水资源以及与人类活动相关的"人、地、城、产"相关指标进行实时监测。

②根据检测结果进行水资源承载能力的动态分析，确定水资源承载能力的

实时状态、水资源承载能力的变化趋势,对水资源承载能力变化的原因进行追踪分析。

③参照水资源承载能力监测预警阈值发布相应的预警警报。

④主管部门会同相关各部门,根据预警警报信息以及水资源承载能力动态分析信息,共商、确定决策方案。

⑤根据决策方案以及预警预案启动相应的应对措施,对自然界的水资源系统以及人类活动领域的"人、地、城、产"进行反馈,保障水资源的安全。

8.3.2 水资源管控机制

针对不同的水资源形势,建立分级管控措施,具体包括:

①对水资源超载地区,暂停审批建设项目新增取水许可,制定并严格实施用水总量削减方案,对主要用水行业领域实施更严格的节水标准,退减不合理灌溉面积,落实水资源费差别化征收政策,积极推进水资源税改革试点。

②对水资源临界超载地区,暂停审批高耗水项目,严格管控用水总量,加大节水和非常规水源利用力度,优化调整产业结构。

③对水资源不超载地区,严格控制水资源消耗总量和强度,强化水资源保护和入河排污监管。

8.3.3 水资源管理机制

建设监测预警数据库和信息技术平台,重点加强薄弱环节和区县级监测网点布设,实现水资源承载能力监测网络全市覆盖。规范监测、调查、普查、统计等分类和技术标准,建立分布式数据信息协同服务体系,加强历史数据规范化加工和实时数据标准化采集,健全水资源承载能力监测数据采集、存储与共享服务体制机制。

基于主管部门监测预警系统,搭建水资源承载能力监测预警智能分析与动态可视化平台,实现水资源承载能力的综合监管、动态评估与决策支持。建立水资源承载能力监测预警政务互动平台,定期向社会发布监测预警信息。

将水资源承载能力纳入自然资源及其产品价格形成机制,构建反映市场供求和资源稀缺程度的价格决策程序。将水资源承载能力监测预警评价结论纳入领导干部绩效考核体系,将水资源承载能力变化状况纳入领导干部自然资源资产离任审计范围。

建立政府与社会协同监督机制。有关部门和市级政府通过书面通知、约谈或者公告等形式,对超载地区、临界超载地区进行预警提醒,督促相关区县转变发展方式,降低水资源压力。超载地区要根据超载状况和超载成因,因地制宜制定治理规划,明确水资源承载能力达标任务的时间表和路线图。开展超载地区限制性措施落实情况监督考核和责任追究,对限制性措施落实不力、水资源持续恶化地区的政府和企业等,建立信用记录,纳入信用信息共享平台,依法依规严肃追责。要主动接受社会监督,发挥媒体、公益组织和志愿者作用,鼓励公众举报资源环境破坏行为。加大资源环境承载能力监测预警的宣传教育和科学普及力度,保障公众知情权、参与权、监督权。

8.3.4 水安全保障机制

针对人类社会生存环境和经济发展过程中发生的与水有关的危害问题,2000 年,在斯德哥尔摩举行的水讨论会上提出了水安全。左其亭等将水安全分为水资源安全、水环境安全、水生态安全、水工程安全、供水保障安全、洪涝防御安全和跨界水安全等方面。受自身水资源禀赋和经济社会发展差异的影响,不同的水资源分区存在不同的水安全问题。2021 年,水利部部长在全国水利工作会议上说,"十四五"时期,我国将以建设水灾害防控、水资源调配、水生态保护功能一体化的国家水网为核心,加快完善水利基础设施体系,解决水资源时空分布不均问题,提升国家水安全保障能力。针对重庆市各水资源分区的基本特征和社会经济布局,可从以下几个层面构建水安全保障机制。

1.加强组织领导

主管部门加强对水资源承载能力监测预警工作的统筹协调,会同有关部门建立监测预警数据库和信息技术平台,组织完成水资源承载能力普查,并发布综合评价结论。水资源管理工作中出现的重大事项和取得的主要成效要及时向市委、市政府报告。各级党委和政府要高度重视水资源承载能力监测预警工作,建立主要领导负总责的协调机制,适时发布市、区(县)两级水资源承载能力监测预警报告,制定实施限制性和激励性措施,强化监督执行,确保实施成效。

2.细化配套政策

各有关部门要按照职责分工,抓紧制定各单项监测能力建设方案,完善监测站网布设,加强数据信息共享;加快出台细化配套政策,明确具体措施和责任主体,切实发挥水资源承载能力监测预警的引导约束作用。

3.提升保障能力

加强对预警方法和技术的研究,提高监测预报能力,加强预警信息发布和强化预警信息传播,有效发挥预警信息作用。综合多学科优势力量,建立专家人才库,组织开展技术交流培训,提升资源环境承载能力监测预警人才队伍专业化水平。建立水资源承载能力监测预警经费保障机制,确保水资源承载能力监测预警机制高效运转、发挥实效。

8.4 水资源调控建议

水资源承载能力调控应以人类活动为调控对象,不仅要维持区域内社会经济、居民生活和生态环境对水资源需求之间的平衡,更应考虑区域内生态环境系统对水资源的依赖。目前的研究中虽已考虑生态需水的因素,但是其量化指标多根据经验简单处理,过于单一。同时,为了实现调控的目的,最直接的手段是选取一套合适的预警指标体系,在此基础上提出保证水资源承载能力处于正常发展状态下的指标阈值范围。只有通过指标体系反映系统的实际状况,才能及时反馈调控措施是否达到预期目的;只有在定量分析水资源实际价值的基础上,根据预警信号采取合理的调控措施,才能实现水资源的合理分配,才能达到水资源利用经济、社会效益和生态效益最优化的目标。

基于此,重庆市可从以下几个方面实施水资源调控:

1.坚持节水优先,提高用水效率

在农业、工业、城镇生活、非常规水源利用等重点领域,结合节水工作新要求和重庆市实际,明确节水的主要措施及重点任务,深入推进节水型社会建设,提高各行业用水效率。农业行业要以提高农业灌溉水利用效率为核心,以大中型灌区为重点,以灌区节水改造和高标准农田建设为抓手,推进农业节水增效。工业行业要推进产业转型升级,大力推进工业节水改造,推动高耗水行业节水增效,积极推行水循环梯级利用,加强重点工业产品取用水定额制修订。

全面推进节水型城市建设,积极推进各区县市级节水型城市的创建,以及重庆市中心城区国家节水型城市的创建,重点推进主城新区工程性缺水的区率先创建,开展城市节水试点工作。加强再生水、雨水、矿井水等非常规水的多元、梯级和安全利用。将非常规水纳入水资源统一配置,逐年提高非常规水利用比例。

2. 调整产业结构,降低用水负荷

依据区域水资源和水环境承载能力,加大经济结构的战略性调整,通过产业优化升级,协调生活、生产、生态用水的关系,优化第一、第二、第三产业的水资源配置,按照"以水定城、以水定地、以水定人、以水定产"要求进行产业结构调整,使有限的水资源保障国民经济的持续发展和社会进步。

调整工业产业结构,重点是压缩高耗水、重污染产业,发展节水防污染型工业。对耗水量大、用水效率低、水污染严重的行业要采取有效措施改造升级,提高水的重复利用率,减少水污染。

发展循环经济,实行串联用水,使上游工序、车间或企业排放的废水在处理后可用于下游工序、车间或企业,减少新水利用量和废水排放量。

3. 协调多种水源,建设重庆水网

按照"确有需要、生态安全、可以持续"和"三先三后"(先节水后调水、先治污后通水、先环保后用水)原则,统筹配置生活、生产、生态用水,充分挖掘现有工程供水潜力,适度超前、提速规划建设一批强基础、增功能、利长远的水资源配置及骨干水库工程,加快已成、在建工程配套设施建设,构建以大中型为主、大中小微并举的水利工程配置网络体系,基本形成多源互补、区域互通、互为备用、集约高效、防洪保安、山青水绿、智慧智能的水资源安全保障格局。基本建成重庆水网标志性工程——渝西水资源配置工程,全面建成投用巴南观景口、南川金佛山2座大型水库,积极推动150项重大水利工程和100座中小型水库建设。加快推进城乡应急备用水源建设。抓紧推进长征渠引水工程、渝南水资源配置工程、重庆中部(川渝东北一体化)水资源配置工程和万州大滩口水库扩建、秀山平邑水库、垫江永安水库等前期研究或前期工作。积极配合国家研究论证南水北调中线后续工程方案,配合四川省开展涪江右岸水资源配置工程研究。统筹抽水蓄能电站与水库工程建设。

4.强化污染控制,加强水生态修复

在解决好水污染治理问题的基础上,注重水生态保护。确立保护优先、自然恢复为主的基本方针,建立水生态保护与修复的制度体系,增强水生态服务功能和水生态产品的生产能力。①实施源头控制,加强化工、制药、钢铁等主要行业的源头减排和清洁生产,降低重金属、持久性污染物的环境风险。②进行技术革新,推动生活污水处理提标升级,减少营养盐和新兴污染物的环境排放。③发展绿色农业,减少农药化肥使用量,推广清洁养殖,减少农药和抗生素等的环境暴露,以达到恢复河流良好生态系统、生物多样性显著提升的目的。

8.5 小结

重庆市水资源可持续发展是区域经济可持续发展的基础,是完成长江经济带建设任务的基础。本章提出基于供给侧约束措施,坚持"以水定城、以水定地、以水定人、以水定产",把水资源作为最大的刚性约束,对可开发利用的水资源进行科学核算,严格控制水资源开发,全面提升水资源利用效率;提出基于结构优化应对措施,坚持实行水资源消耗总量和强度双控,遏制不合理用水需求,把各行业用水控制性指标作为刚性约束,引导产业结构优化调整,以集约、节约和安全利用,支撑重庆生态保护与经济社会高质量发展;提出基于管理优化应对措施,建立水资源承载能力监测预警机制,保障区域水安全。

参考文献

［1］CHENG K,FU Q,MENG J,et al. Analysis of the Spatial Variation and Identification of Factors Affecting the Water Resources Carrying Capacity Based on the Cloud Model［J］.Water Resources Management,2018,32(8):2767-2781.

［2］STEPHEN B.BRUSH. The Concept of Carrying Capacity for Systems of Shifting Cultivation［J］.American Anthropologist,1975,77(4):799-811.

［3］DZOGA MUMINI,DANNY MULALA SIMATELE,COSMAS MUNGA,et al. Application of the DPSIR Framework to Coastal and Marine Fisheries Management in Kenya［J］.Ocean Science Journal,2020,55(2):193-201.

［4］JUNLONG L,JIN C,ZHE Y,et al. Water Resource Security Evaluation of the Yangtze River Economic Belt［J］.Water Supply,2020,20(4):1554-1566.

［5］SIRAK ROBELE GARI ,CESAR E. ORTIZ GUERRERO, BRYANN A-URIBE,et al. A DPSIR-analysis of Water Uses and Related Water Quality Issues in the Colombian Alto and Medio Dagua Community Council［J］.Water Science,2018,32(2):318-337.

［6］SARANGI A.,C. A-MADRAMOOTOO,C. COX. A Decision Support System for Soil and Water Conservation Measures on Agricultural Watersheds［J］.Land Degradation and Development,2004,15(1):49-63.

［7］TIANYANG L,SIYUE L,CHUAN L,et al. Erosion Vulnerability of Sandy Clay Loam Soil in Southwest China; Modeling Soil Detachment Capacity by Flume Simulation［J］.Catena (Giessen),2019,178:90-99.

［8］ZHANG JZ,LI LW,ZHANG YN,et al. Using a Fuzzy Approach to Assess Adaptive Capacity for Urban Water Resources［J］.International Journal of Environmental Science and Technology,2019,16(3):1571-1580.

[9]ZENG Y,LIU D,GUO S,et al. Impacts of Water Resources Allocation on Water Environmental Capacity under Climate Change[J].Water,2021,13(9):1187.

[10]冯尚友,刘国全.水资源持续利用的框架[J].水科学进展,1997,8(4):301-307.

[11]董四方,董增川,陈康宁.基于DPSIR概念模型的水资源系统脆弱性分析[J].水资源保护,2010,26(4):1-3,25.

[12]段春青,刘昌明,陈晓楠,等.区域水资源承载力概念及研究方法的探讨[J].地理学报,2010,65(1):82-90.

[13]胡蓓琳,潘争伟,金菊良,等.基于集对分析模型的巢湖流域水资源系统脆弱性评价[J].水电能源科学,2013,31(10):21-24.

[14]丁晶,覃光华,李红霞.水资源设计承载力的探讨[J].华北水利水电大学学报(自然科学版),2016,37(4):1-6.

[15]金菊良,董涛,郦建强,等.不同承载标准下水资源承载力评价[J].水科学进展,2018,29(1):31-39.

[16]金菊良,吴开亚,魏一鸣.基于联系数的流域水安全评价模型[J].水利学报,2008,39(4):401-409.

[17]郦建强,陆桂华,杨晓华,等.流域水资源承载能力综合评价的多目标决策-理想区间模型[J].水文,2004,24(4):1-4,25.

[18]刘昌明,李云成."绿水"与节水:中国水资源内涵问题讨论[J].科学对社会的影响,2006,55(1):16-20.

[19]龙训建,钱鞠,梁川.基于主成分分析的BP神经网络及其在需水预测中的应用[J].成都理工大学学报(自然科学版),2010,37(2):206-210.

[20]吕平毓,吕睿.基于改进PCA的重庆市水资源可持续利用评价[J].人民长江,2016,47(24):40-45.

[21]马兴华,周买春,左其亭,等."一带一路"对广西北部湾经济区水资源脆弱性的影响[J].水资源保护,2018,34(4):56-60.

[22]潘争伟,吴成国,周玉良,等.基于集对指数势的流域水资源系统脆弱性影响因子分析[J].水电能源科学,2014,32(3):39-43.

[23]潘争伟,吴开亚,金菊良,等.水资源可再生能力评价的集对分析方法[J].水电能源科学,2009,27(5):24-26,93.

[24]王浩,陈敏建,何希吾,等.西北地区水资源合理配置与承载能力研究[J].中国水利,2004(22):43-45.

[25]夏军,石卫,陈俊旭,等.变化环境下水资源脆弱性及其适应性调控研究:以海河流域为例[J].水利水电技术,2015,46(6):27-33.

[26]夏军,朱一中.水资源安全的度量:水资源承载力的研究与挑战[J].自然资源学报,2002,17(3):262-269.

[27]左其亭.最严格水资源管理保障体系的构建及研究展望[J].华北水利水电大学学报(自然科学版),2016,37(4):7-11.

[28]左其亭,张修宇.气候变化下水资源动态承载力研究[J].水利学报,2015,46(4):387-395.

[29]左其亭,赵衡,马军霞.水资源与经济社会和谐平衡研究[J].水利学报,2014,45(7):785-792,800.

[30]左其亭.论水资源承载能力与水资源优化配置之间的关系[J].水利学报,2005,36(11):1286-1291.

[31]金菊良,陈梦璐,郦建强,等.水资源承载力预警研究进展[J].水科学进展,2018,29(4):583-596.

[32]许有鹏,付重林,徐梦洁,等.城市水资源与水环境[M].贵阳:贵州人民出版社,2003.